成功

Eureka Math®
四年级
模块1-4

Great Minds PBC is the creator of Eureka Math®,
Wit & Wisdom®, Alexandria Plan™, and PhD Science™.

Published by Great Minds PBC. greatminds.org

Copyright © 2020 Great Minds PBC. All rights reserved. No part of this work may be reproduced or used in any form or by any means—graphic, electronic, or mechanical, including photocopying or information storage and retrieval systems—without written permission from the copyright holder.

ISBN 978-1-64929-277-3

1 2 3 4 5 6 7 8 9 10 CCD 25 24 23 22 21 20

Printed in the USA

学习·练习·成功

Eureka Math® 的学生教材 *A Story of Units®*（幼儿园到 5 年级）可以在学习、练习、成功三合一课程中取得。本系列支持差异学习和辅导，同时保持学生教材条理清晰且易于使用。教育人员会发现学习、练习 和成功系列还具备连贯性的介入响应模式（Response to Intervention / RTI），因此学习更有效率，并提供额外练习和夏季学习资源。

学习

Eureka Math 学习可作为学生展示自己的想法、分享他们知道的内容、看著他们每天累积知识的课堂伙伴。学习通过容易存放和浏览的书册集合了每日的课堂作业—应用题、课堂反馈条、习题集和模版。

练习

每堂 *Eureka Math* 课程从一系列充满活力、欢乐的熟练度活动开始进行，包括 *Eureka Math* 练习的内容。精通数学的学生可以更深入地掌握更多教材。通过练习，学生将掌握新习得的技能，并加强以前的学习，为下一堂课做准备。

学习和练习提供学生用于核心数学教学所需的所有印刷教材。

成功

Eureka Math 成功让学生可以独自学习并精通内容。每一课的额外习题集都与课堂的教学一致，因此非常适合当作家庭作业或额外练习。每个习题集都伴随一个家庭作业助手，它是一组说明如何解决类似习题的练习例题。

老师和导师可以使用前一年级的成功课本作为课程一致性的工具，以填补基础知识的落差。随着熟悉的模式促进与当前年级内容的联结，学生将能更快地成长与进步。

学生、家庭和教育人员：

谢谢您加入 *Eureka Math*® 社区，我们在此赞扬数学带来的乐趣、美好和震撼。

没有什么比得过成功的满意—学生的能力变得越强，他们的动力和参与度就越大。*Eureka Math*成功课本为学生提供所需的指导和额外的练习，帮助他们巩固基础知识并掌握新教材。

成功课本的内容是什么？

*Eureka Math*成功课本提供与*A Story of Units*®（单位的故事）并进的支持练习集。每个成功课程都从一个叫做家庭作业助手的例题集开始进行，说明建立课程理解所用的建构与推理能力。接下来，学生将通过一系列精心排序的问题进行支架性练习，从建立信心开始逐步进展到复杂的问题。

应该如何使用成功课本？

成功课本的精选集可作为差异化的教学、练习、作业或
介入性学习。将*Affirm*®与 *Eureka Math*的数字评估系统搭配使用，成功课程可以让教育人员进行有目标性的练习并评估学生的进步。成功课程可完美搭配单位的故事里使用的数学模型和语言，确保学生感受到与日常教学的连结性与相关性，不论他们是在学习基础技能还是在当前的主题上进行额外的练习。

在哪里可以了解更多 Eureka Math 的资源？

Great Minds® 团队致力于通过不断扩充的资源库为学生、家庭和教育人员提供强有力的支持。请访问：eureka-math.org 。该网站还在*Eureka Math*社区提供了一些令人振奋的成功案例。通过成为*Eureka Math*优胜者与其他用户分享您的见解和成就。

祝福您一整年都充满着美好的 Eureka 时刻！

吉尔·迪尼兹（Jill Diniz）
数学总监
Great Minds

内容

模块1：加减法的位值，四舍五入和算法

主题A：多位整数的位值

第一课 3

第二课 9

第三课 13

第四课 19

主题B：比较多位数整数

第五课 23

第六课 29

主题C：四舍五入多位数整数

第七课 35

第八课 39

第九课 43

第十课 47

主题D：多位数整数加法

第十一课 51

第十二课 55

主题E：多位数整数减法

第十三课 61

第十四课 67

第十七课 71

第十六课 75

主题F：加减法文字题

第十七课 81

第十八课 85

第十九课 89

模块2：单位转换和度量解题

主题A：公制单位转换

第一课 95

第二课 99

第三课 103

主题B：公制单位转换的应用

第四课 107

第五课 111

模块3：多位数乘法和除法

主题A：乘法比较文字题

第一课 117

第二课 123

第三课 129

主题B：分别乘以10、100和1,000

第四课 133

第五课 137

第六课 143

主题C：最多四位数乘以个位数的乘法

第七课 149

第八课 153

第九课 159

第十课 165

第十一课 169

主题D：乘法文字题

第十二课 175

第十三课 179

主题E：十位数和个位数含连续余数的除法

第十四课 183

第十五课 187

第十六课 191

第十七课 197

第十八课	203
第十九课	207
第二十课	213
第二十一课	217

主题F：可除性推理

第二十二课	223
第二十三课	227
第二十四课	231
第二十五课	235

主题G：千位数、百位数、十位数和个位数的除法

第二十六课	241
第二十七课	247
第二十八课	253
第二十九课	259
第三十课	265
第三十一课	271
第三十二课	275
第三十三课	279

主题H：二2位数与二位数的乘法

第三十四课	283
第三十五课	287
第三十六课	291
第三十七课	295
第三十八课	299

模块4：角度测量和平面图

主题A：线和角

第一课	307
第二课	311
第三课	317
第四课	323

话题B：角度测量

 第五课 329

 第六课 333

 第七课 339

 第八课 343

主题C：通过角度测量解题

 第九课 347

 第十课 351

 第十一课 355

主题D：二维图形和对称性

 第十二课 361

 第十三课 365

 第十四课 369

 第十五课 373

 第十六课 377

四年级

模块1

第四章

模型

单位的故事　　　　　　　　　　　　　　　　　第1课家庭作业助手　4•1

1. 标记数位表。填空以使以下等式成立。在数位表中绘制圆盘以显示你的答案,并使用箭头显示任何重新组合。

10 × 3个一 = ___30___ 个一 = ___3个十___

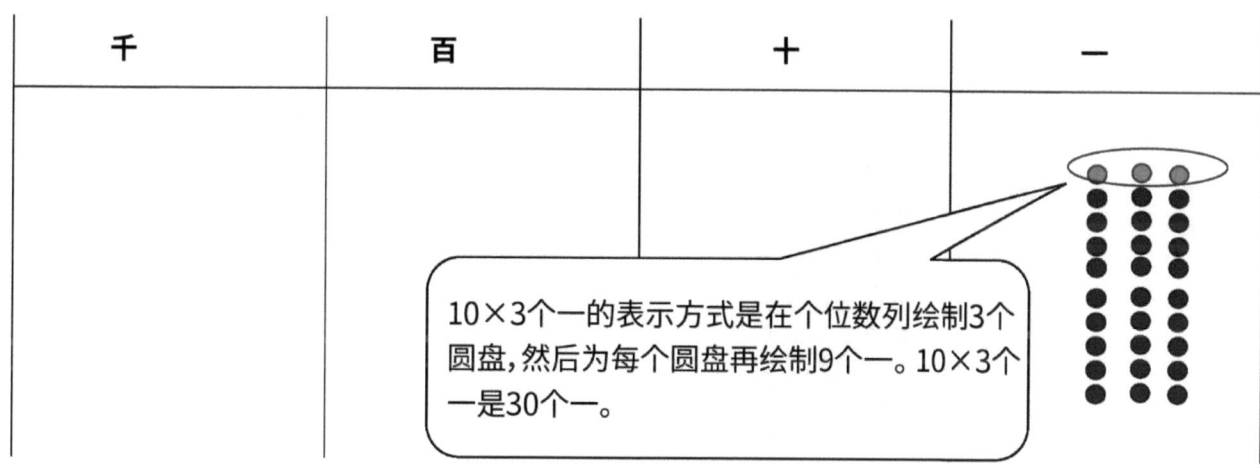

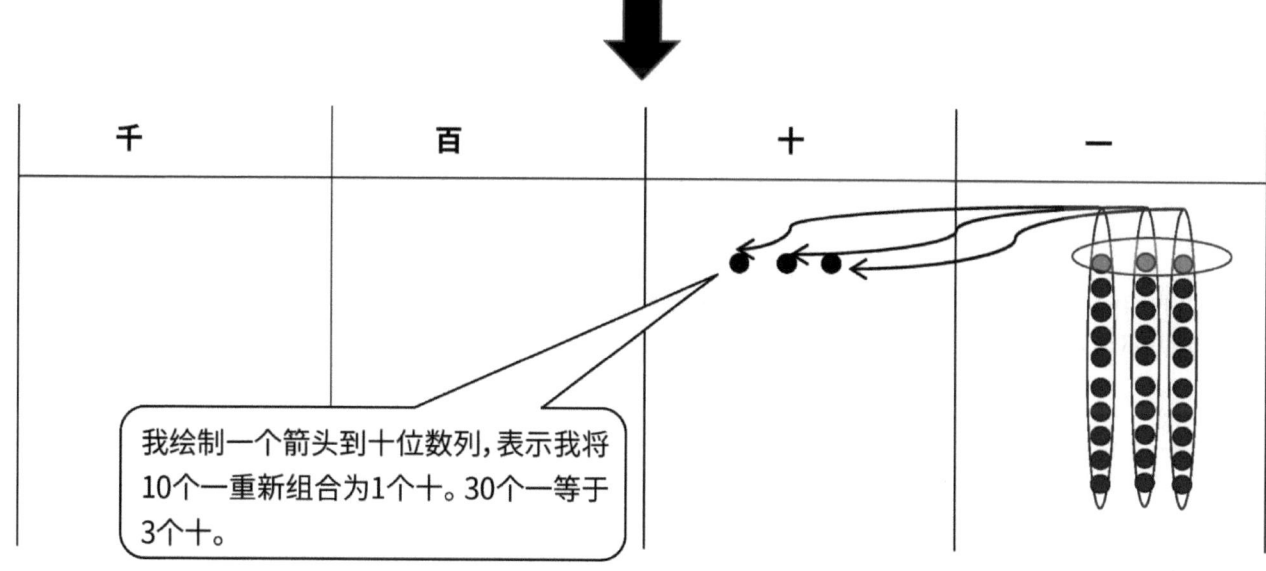

第1课：　　表达乘法等式比较。

2. 使用数位的知识完成以下语句。然后,使用图片、数字或文字来解释你是如何得出答案的。

   __60__ 个一百等于6个一千。

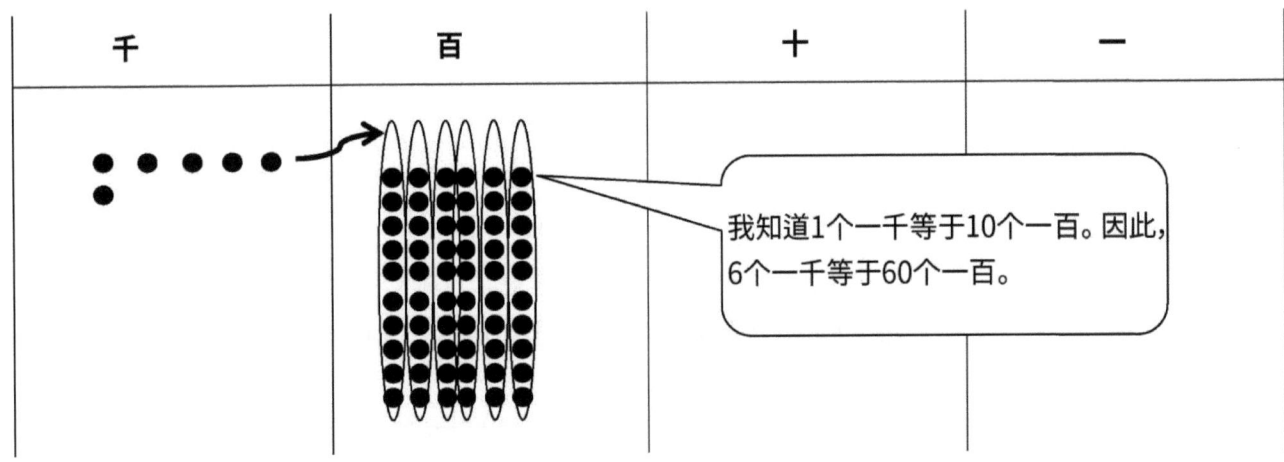

3. 加比的房间有 50 本书。她妈妈办公室里的书是她的 10 倍。加比的妈妈有几本书?使用数字或文字来说明你是如何获得答案的。

   5个十×10=50个十

   加比的妈妈办公室里有500本书。

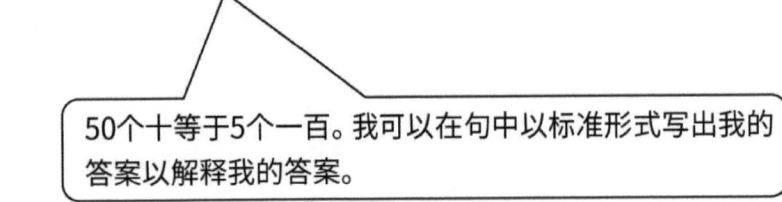

姓名 _____　　　日期 _____

1. 标记数位表。填空以使以下等式成立。在数位表中绘制圆盘以显示你的答案，并使用箭头显示任何重新组合。

   a. 10 × 4 个一 = _____ 个一 = _____

   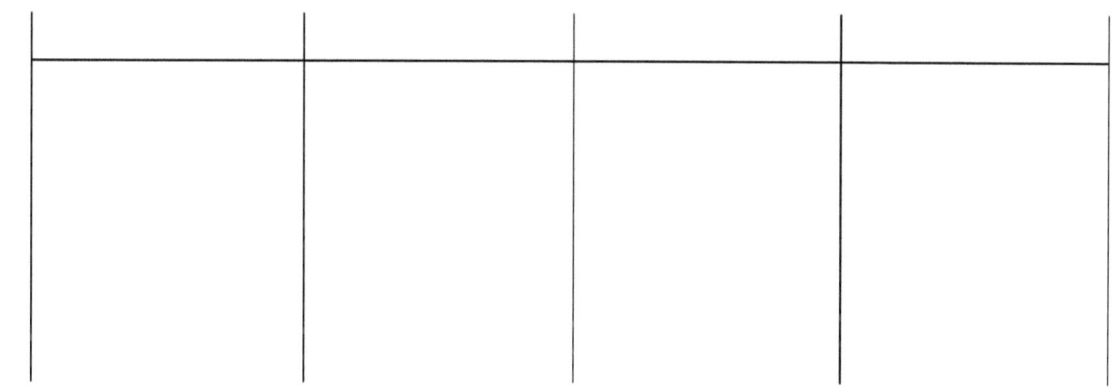

   b. ing 10 × 2 个十 = _____ 个十 = _____

   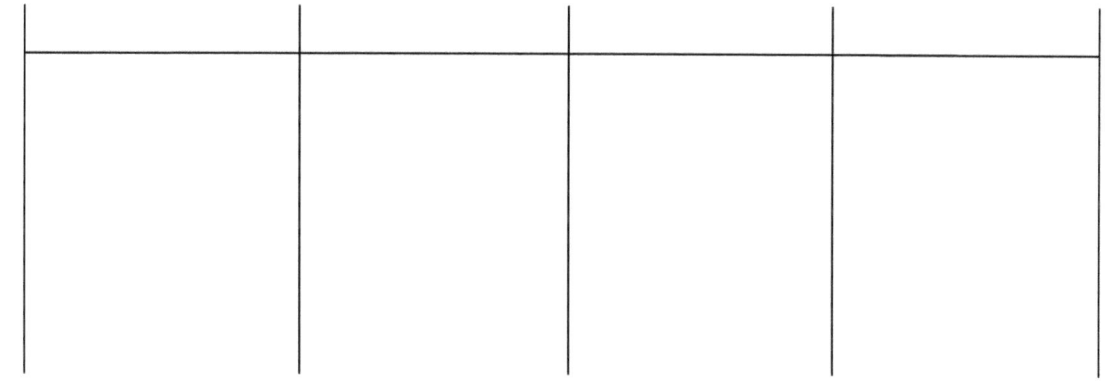

   c. 5 个百 × 10 = _____ 个百 = _____

   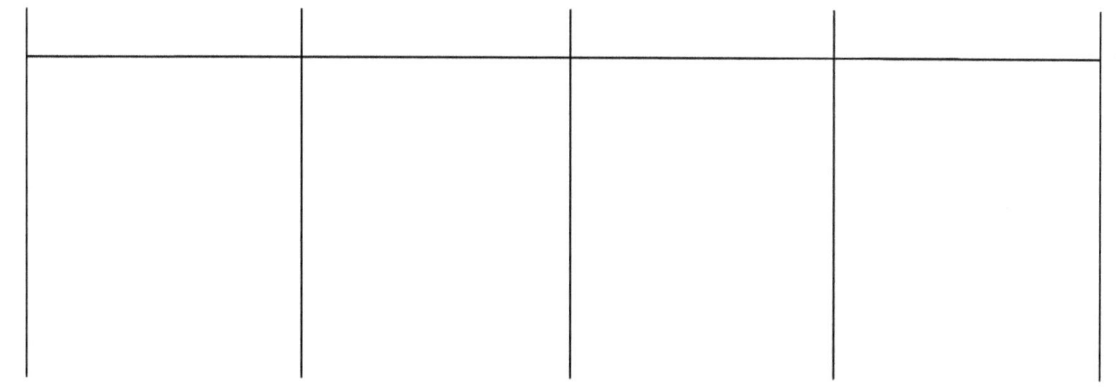

2. 使用数位知识完成以下语句：

   a. 一百的10倍等于 _____ 百或千。

   b. 10 倍乘以 _____ 个百等于60个百或 _____ 个千。

   c. _____ 乘以八百等于八个千

   d. _____ 个百等于四个千。

   使用图片、数字或文字来说明你是如何获得(d)部分的答案的。

3. 卡特里娜的平板电脑上有60 GB的存储空间。卡特里娜的父亲在电脑上有10倍的存储空间。卡特里娜的父亲有多少存储空间？使用数字或文字来说明你是如何获得答案的。

4. 卡特里娜节省了200美元来购买她的平板电脑。她父亲花了10倍的钱购买了他的新计算机。她父亲的电脑多少钱？使用数字或文字来说明你是如何获得答案的。

5. 填空以使陈述正确。

   a. 4乘以3等于_____。

   b. 10 乘以 9 等于_____。

   c. 700 等于 10 乘以_____。

   d. 8,000等于_____乘以800。

6. 托马斯的祖父已有100岁。托马斯的祖父的年龄是托马斯的10倍。托马斯几岁？

单位的故事 | 第2课家庭作业助手 | 4•1

1. 通过在数位表上绘制圆盘来标记并表示乘数或商数。

   a. 10×3 千 = **30** 千 = **3 十千**

百万	十万	万	千	百	十	一
		•••	(3组10个圆盘)			

   就像在第1课中一样,我将每个十用一个圆圈分组,并绘制一个箭头表示我将30个一千重新组合为3个一万。

   b. 2 个千 ÷ 10 = ___**20**___ 个百 ÷ 10 = ___**2 个百**___

百万	十万	万	千	百	十	一
			••	(2组10个圆盘)		

   我无法将2个一千的磁盘分解为10个相等的组。因此,我将2个一千重命名为20个一百。现在,我可以将20个一百分解为10的等组。

第2课: 了解一个数字代表的值是其放在右边一位时代表的数值的10倍。

2. 用单位形式和标准形式写出解答来解决表达式。

表达式	单位形式	标准形式
（3个十2个一）×10	30个十20个一	320

> 我将十位和个位的每个单位乘以10。

3. 解题。

1个盒子里有840根火柴。一个包装里的火柴数量是1个盒子里的10倍。一个包装里有多少火柴？

84个十 ×10 是 840个十 或 84个一百。

$840 × 10 = 8,400$

8,400根火柴在包装中。

> 我可以使用单位形式来简化乘法，并以标准形式验证我的答案。

姓名 _____ 日期 _____

1. 像你在课程中所做的那样，通过在数位图表上绘制磁盘来标记并表示乘数或商数。

   a. 10 × 4个千 = _____ 个千 = _____

   b. 4个千÷10 = _____ 个百÷10 = _____

2. 用单位形式和标准形式写出解答来解决每个表达式。

表达式	单位形式	标准形式
10 × 3个十		
5个百 × 10		
9个万÷10		
10 × 7个千		

第2课： 了解一个数字代表的值是其放在右边一位时代表的数值的10倍。

3. 用单位形式和标准形式写出解答来解决每个表达式。

表达式	单位形式	标准形式
（2个十1个一）× 10		
（5个百5个十）× 10		
（2个千7个十）÷10		
（4个万8个百）÷10		

4. a. 艾米丽星期六全天卖女童军饼干获筹集了950美元。艾米丽的一队筹集的钱是她筹集的10倍艾米莉的一队筹集了多少钱？

   b. 星期六, 艾米丽筹集的钱是星期一的10倍。艾米丽星期一筹集了多少钱？

单位的故事　　　　　　　　　　　　　　　　　　　　　　第3课家庭作业助手　4•1

1. 重写以下数字，并在适当的地方添加逗号：

    30030033003　　**30,030,033,003**

    > 我从右边的每三位数后使用一个逗号来表示位数分段或单位分组个、千、百万和十亿。

2. 解决每个表达式。用标准形式写出答案。

    > 我可以做加法5个十 + 9个十 = 14个十。

表达式	标准形式
5个十 + 9个十	140

    > 14个十与10个十和4个十相同。我可以捆绑10个十得到1个一百。14个十等于140。

3. 在数位表中用数位圆盘代表每个加数。用10倍小的单位来表达较大单位的组成。用标准形式写总和。

    3 个千 + 14 个百 = **4,400**

百万	十万	万	千	百	十	一
			•••	•••••••••• ••••		

    > 在绘制了3个一千和14个一百的磁盘后，我注意到可以将10个一百捆绑为1个一千。现在，我的图片显示为4个一千4个一百，或4400。

    第3课：　理解以千为单位表达数字的位置值图表和逗号的位置，表达100万以内的数字。

单位的故事 第3课家庭作业助手 4•1

4. 使用数位表上的数字或圆盘表示以下等式。用标准形式写出结果。

（5个万3个千）× 10 = **530,000**

你的答案是多少千？**530个千**

> 左边的位值代表10倍，因此我可以画一个箭头并将其标记为"×10"。

百万	十万	万	千	百	十	一

> 3个一万是10倍的3个一千。5个十万是10倍的5个一万。因此，(5个一万3个一千)×10是530,000。

第3课： 理解以千为单位表达数字的位置值图表和逗号的位置，表达100万以内的数字。

单位的故事　　　　　　　　　　　　　　　　　　　　　　　　第3课家庭作业　4•1

姓名 _____　　日期 _____

1. 重写以下数字，并在适当的地方添加逗号：

   a. 4321 _____　　b. ing 54321 _____

   c. 224466 _____　　d. 2224466 _____

   e. 10010011001 _____

2. 解决每个表达式。用标准形式写出答案。

表达式	标准形式
4 个十 + 6 个十	
8 个百 + 2 个百	
5 个千 + 7 个千	

3. 在位置值图表中用地方价值磁盘代表每个加数。用10倍小的单位来表达较大单位的组成。用标准形式写总和。

   a. 2 个千 + 12 个百 = _____

百万	十万	万	千	百	十	个

第3课：理解以千为单位表达数字的位置值图表和逗号的位置，表达100万以内的数字。

单位的故事　　　　　　　　　　　　　　　　　　　　　第3课家庭作业　4•1

b. 14 个万 + 12 个千 = _____

百万	十万	万	千	百	十	个

4. 使用数位表上的数字或圆盘表示以等式。用标准形式写出结果。

a. 10 × 5个千 = _____

答案中有几个千？ _____

百万	十万	万	千	百	十	个

b. （4 个万 4 个千）× 10 = _____

答案中有几个千？ _____

百万	十万	万	千	百	十	个

第3课：　理解以千为单位表达数字的位置值图表和逗号的位置，表达100万以内的数字。

c. （27 个千 3 个百 5 个一）× 10 = _____

你的答案是多少个千？_____

百万	十万	万	千	百	十	个

5. 一家大型杂货店收到了2千个苹果的订单。邻近一所学校收到了 20箱苹果、每箱里有100个苹果的订单。使用数位表上的数字或圆盘比较学校收到的苹果数量和杂货店收到的苹果数量。

1.

a. 在下面的数位表上，标记单位并代表数字 43,082。

百万	十万	万	千	百	十	个
		●●●●	●●●		●●●●● ●●●	●●

b. 用文字形式写出数字。

43,082

> 我读43,082给自己听。我写下我说的话。我加上逗号隔开千位和个位，就像写数字时一样。

c. 用扩展形式写出数字。

$40,000 + 3,000 + 80 + 2$

> 我将每位数的值写在43,082中作为加法表达式。4的值为4个一万，我以标准形式写为40,000。43,082 = 40,000 + 3,000 + 80 + 2。

2. 结合图片、数字和文字,用另一种方式来表达 39 百。

   39 百的另一种表达方式是 3 千,9 百。我可以写 3,900,也可以画 3 个千圆盘和 9 个百圆盘来代表 39 个百圆盘。

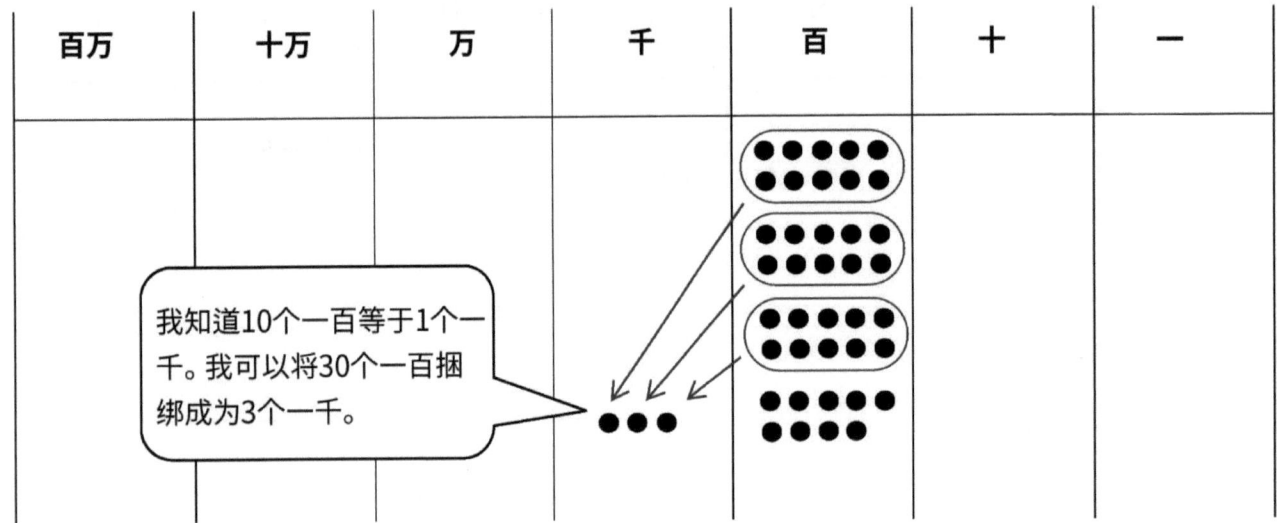

单位的故事　　　　　　　　　　　　　　　　　　　第4课家庭作业　4•1

姓名 _____　　日期 _____

1. a. 在下面的数位表上，标记单位，并表示数字50,679。

   b. 用文字形式写出数字。

   c. 用扩展形式写出数字。

2. a. 在下面的数位表上，标记单位，并表示数字506,709。

   b. 用文字形式写出数字。

   c. 用扩展形式写出数字。

第4课：　　使用十进位数字、数字名称和扩展形式读写多位数.

3. 完成以下图表：

标准形式	文字形式	扩展形式
	五千三百七十	
		50,000 + 300 + 70 + 2
	三万九千七百零一	
309,017		
770,070		

4. 结合图片、数字和文字，用另一种方式表达六千五百。

单位的故事　　　　　　　　　　　　　　　　　　　　　　　　第5课家庭作业助手　4•1

1. 在数位表中标记单位。在数位表画出数位圆盘以表示每个数字。使用 < 、> 或 = 比较两个数字。在圆圈中写出正确的符号。

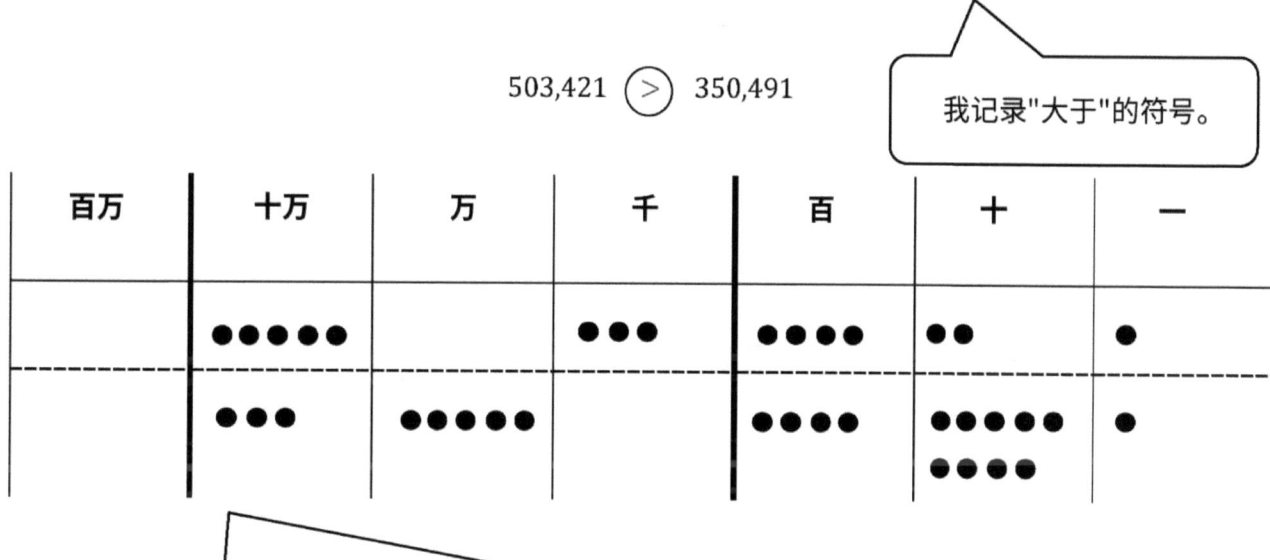

我记录"大于"的符号。

我使用数位圆盘记录每位数的值，在数位表的上半部分放置503,421，在下半部分放置350,491。我可以清楚地看到并比较具有最大值（十万）的单位。5个十万大于3个十万。503,421大于350,491。

2. 使用 < 、> 或 = 比较两个数字。在圆圈中写出正确的符号。

六十二万四百七十三 < 600,000 + 50,000 + 2,000 + 700 + 7

这可以帮助我解决是否两个数字都以标准形式书写。

602,473 < 652,707

由于最大单位的值是相同的，因此我比较下一个最大单位—万。零个万小于五个一万。因此，602,473小于652,707。我记录比较符号小于以完成答案。

第5课： 根据数字的含义比较数字，使用 < 、> 或 = 来写出比较结果。

3. 吉尔有1,462美元，亚当有1,509美元，克里斯蒂娜有 1,712美元，罗宾有 1,467美元 。将金额从大到小排序。然后，说出谁有最多的钱。

千	百	十	一
1	4	6	2
1	5	0	9
1	7	1	2
1	4	6	7

在数位表中列出金额可以帮助我查看每个单位的值。

我注意到1,462和1,467都有1个一千、4个一百和6个十。所以，我比较个位。7个一大于2个一。1,467大于1,462。

$1,712> $1,509> $1,467> $1,462

克里斯蒂娜拥有最多的钱。

单位的故事　　　　　　　　　　　　　　　　　　　　　第5课家庭作业　4•1

姓名 _____　　日期 _____

1. 在数位表中标记单位。在数位表画出数位圆盘来表示每个数字。使用 <、> 或 = 比较两个数字。在圆圈中写出正确的符号。

   a.　　　　　9,09,013 ◯ 90,013

   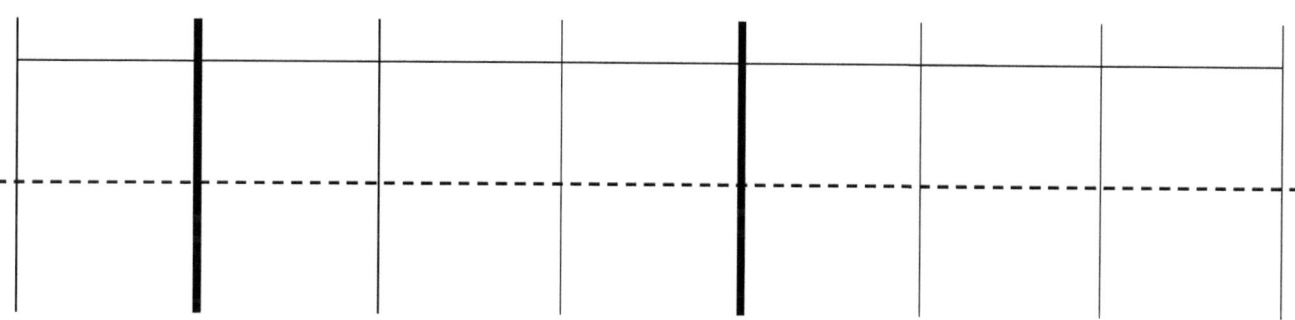

   b.　　　　　2,10,005 ◯ 2,20,005

   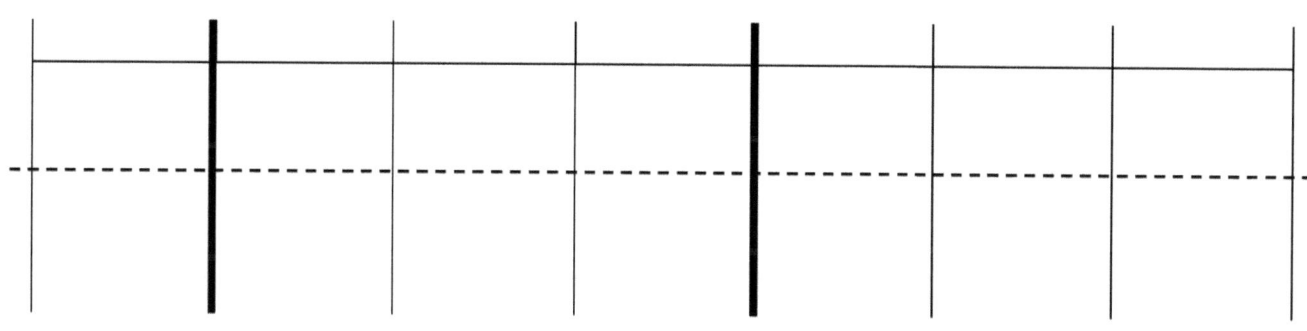

第5课：　根据数字的含义比较数字，使用 >、< 或 = 来写出比较结果。

单位的故事

2. 使用 <、> 和 = 比较两个数字。在圆圈中写出正确的符号。

   a. 501,107 ◯ 89,171

   b. 300,000 + 50,000 + 1,000 + 800 ◯ 六十万五千九百零八

   c. 3十万3千8百4十 ◯ 303,840

   d. 5百6万2个 ◯ 3万5百1个

3. 使用下表中的信息，以英尺为单位，从矮到高 列出每座摩天大楼的高度。然后，说出最高的摩天大楼的名字。

摩天大楼名称	摩天大楼高度（英尺）
威利斯大厦	1,450英尺
世界贸易中心	1,776英尺
台北101	1,670英尺
双子塔	1,483英尺

4. 从小到大排列这些数字： 7,550　5,070　750　5,007　7,505

5. 从大到小排列这些数字： 426,000　406,200　640,020　46,600

6. 50个州的面积可以用平方英里来丈量。

   加州的面积为158,648平方英里。内华达州为110,567平方英里。亚利桑那州为114,007平方英里。德克萨斯州 为266,874平方英里。蒙大拿州为147,047 平方英里, 阿拉斯加州是587,878平方英里。

   将各州面积按从小到大的顺序排列。

第5课： 根据数字的含义比较数字, 使用 > 、< 或 = 来写出比较结果。

1. 标记数位表。使用数位圆盘找出总和或差异。在横线上用标准形式写出答案。

   a. 六十三万五百十七减 100,000 是 **530,517**。

百万	十万	万	千	百	十	一
	●●●●✗	●●●		●●●●●	●	●●●●●●●

   在建模630,517之后，我划掉了1个十万的磁盘。比630,517小100,000是530,517。

   b. 260,993 **大10,000** 比 250,993.

百万	十万	万	千	百	十	一
	●●	●●●●●⊙		●●●●●●●●●	●●●●●●●●●	●●●

   要为260,993建模与250,993相比，我增加了1个一万的磁盘。60,000比50,000多10,000。因此，260,993比250,993多10,000。

2. 填写此方程式的空白：
   17,082 − 1,000 = **16,082** .

   17,082有17个一千。比17个一千小1个一千是16个一千。

单位的故事　　　　　　　　　　　　　　　　　　　　　第6课 家庭作业助手　4•1

3. 填写方框以完成图案。用图片、数字或文字说明你是如何找出答案的。

| 245,975 | **345,975** | 445,975 | **545,975** | 645,975 | **745,975** |

学生答案1：

我看到十万单位增加了。其他单位保持不变。在第一个数字中，有 2 个十万。然后，有 4 个十万和 6 个十万。我可以用 3 个十万，5 个十万和 7 个十万填空。模式中的每个数字每次增加 1 个十万。

> 我答题："模式中的数字在增加还是在减小？是多少？"

学生答案2：

数字每次增加 100,000。

十万	万	千	百	十	一
2	4	5	9	7	5
3	4	5	9	7	5
4	4	5	9	7	5
5	4	5	9	7	5
6	4	5	9	7	5
7	4	5	9	7	5

245,975 + 100,000 = 345,975
345,975 + 100,000 = 445,975
445,975 + 100,000 = 545,975
545,975 + 100,000 = 645,975
645,975 + 100,000 = 745,975

> 我很快写下数字而不是数字盘。我可以清楚地看到增加了十万。其他值不变。

> 我写了一系列数字算式，表示每次都是相同的变化。该模式的规则是"增加100,000"。

第6课：　查找大于给定数字的1、10和10万。

姓名 _____ 日期 _____

1. 标记数位表。使用数位圆盘找出总和或差异。在横线上 用标准形式s写出答案。

   a. 五十六万三百一十三减 100,000是 _____

   b. 一万加300,000 + 90,000 + 5,000 + 40 等于 _____

   c. 447077是 _____ 347,077。

2. 填写每个方程式的空白：

   a. 100,000 + 76,960 = _____   b. 13,097 - 1,000 = _____

   c. 849,000 - 10,000 = _____   d. 442,210 + 10,000 = _____

   e. 172,090 = 171,090 + _____   f. 854,121 = 954,121 - _____

3. 填写空白框以完成模式。

   a.

145,555		147,555		149,555	

   用图片、数字或文字说明你是如何找出答案的。

   b.

	764321	774,321			804,321

   用图片、数字或文字说明你是如何找出答案的。

   c.

125,876	225,876		425,876		

   用图片、数字或文字说明你是如何找出答案的。

d.

	254,445			224,445	214,445

用图片、数字或文字说明你是如何找出答案的。

4. 2012年，查理的年薪为54,098美元。2013年初，查理的年薪上涨了10,000美元。查理在2013年将赚多少钱？使用图片、文字或数字来解释你的想法。

1. 四舍五入精确到千位。使用数线为你的思维建模。

   a. 3,941 ≈ **4,000**   b. 53,269 ≈ **53,000**

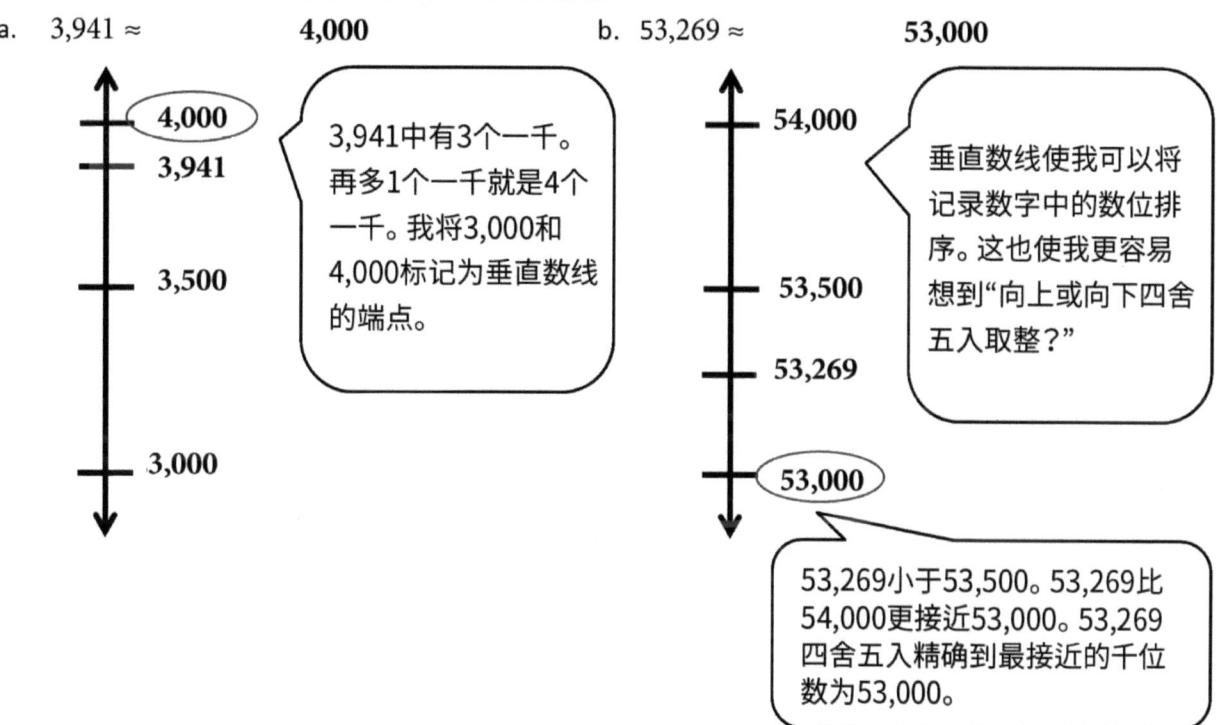

2. 2013年，家庭度假费用3,809美元。2014年，家庭度假费用4,699美元。家庭为每次假期制定的预算约为4,000美元。家庭哪一年的假期开销与预算更接近？四舍五入精确到千位。用位置值知识来解释你的答案。

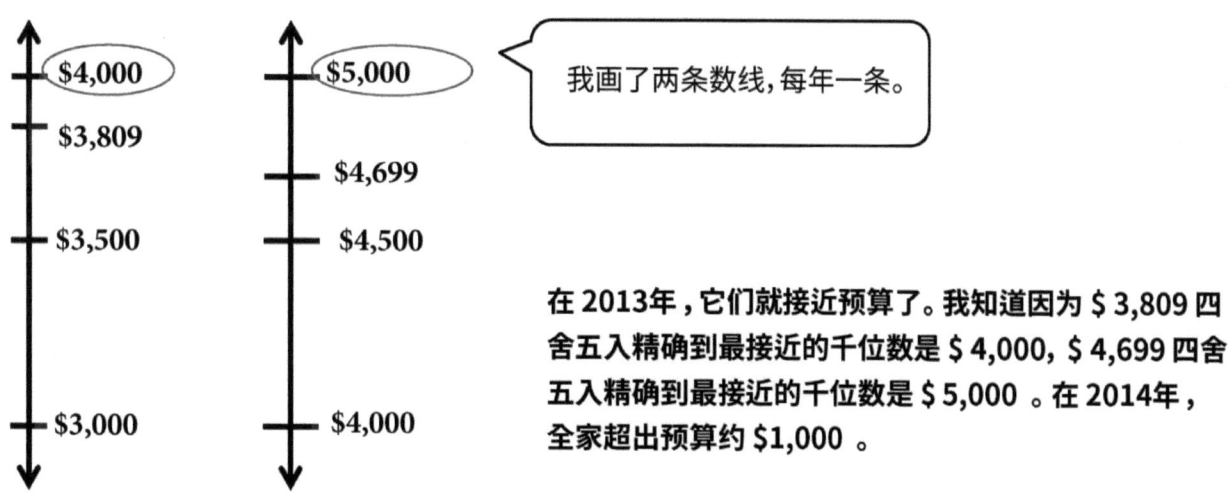

第7课： 使用垂直数线将多位数四舍五入精确到千位。

姓名 _____   日期 _____

1. 四舍五入精确到千位。使用数线为你的思维建模。

   a. 5,900 ≈ _____

   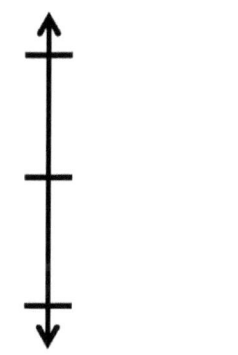

   b. 4,180 ≈ _____

   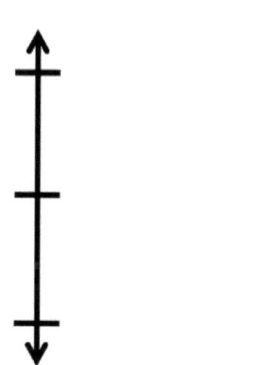

   c. 32,879 ≈ _____

   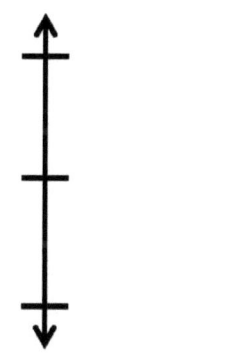

   d. 78,600 ≈ _____

   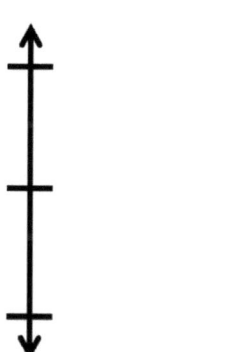

   e. 251,031 ≈ _____

   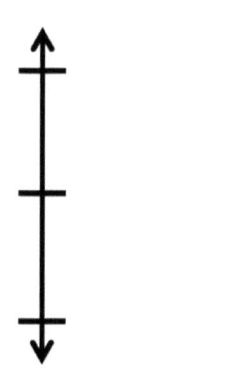

   f. 699,900 ≈ _____

   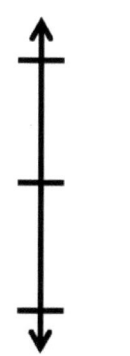

2. 史蒂文拼好了981块的拼图。他大约拼了多少块？四舍五入精确到千位。用位置值知识来解释你的答案。

3. 路易丝一家去了迪斯尼乐园度假。他们的假期花费了5,990美元。索菲亚一家去了尼亚加拉大瀑布度假。他们的假期花费了4,720美元。两个家庭的假期预算都约为5,000美元。哪一家的假期开销更接近预算？四舍五入精确到千位。用数位知识解释你的答案。

4. 玛莎的弟弟做家庭作业中的第一题时需要帮助。这个题要求学生将128,902四舍五入精确到到千位，并解释答案。玛莎的弟弟觉得答案是128,000。他的回答正确吗？你是如何知道的？使用图片、数字或文字进行解释。

1. 通过将数字四舍五入到给定的位置值来完成每个陈述。使用数线显示你的操作。

    a. 41,899 四舍五入精确到万位是 **40,000**

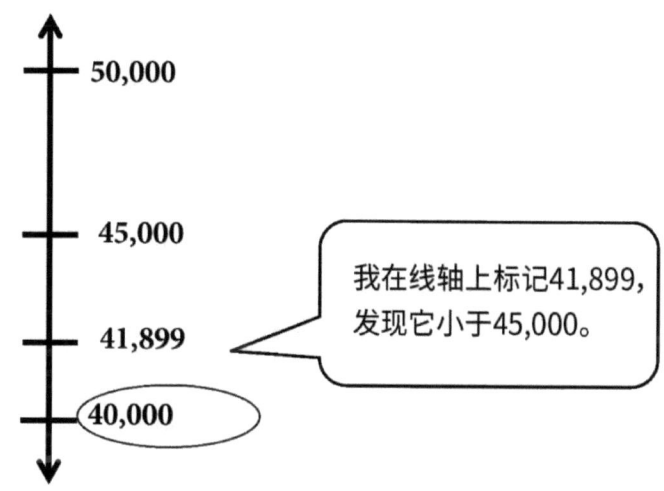

    b. 267, 072 四舍五入精确到十万位是 **300,000**

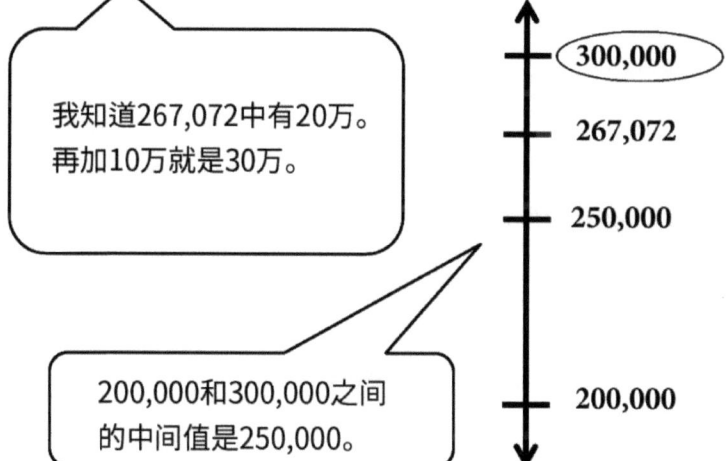

第8课： 使用垂直数线将多位数四舍五入到任何位置。

2. 一年有 982,510 本书被下载。将这个数字四舍五入精确到十万位，估计一年内下载了多少本书。使用数线显示你的操作。

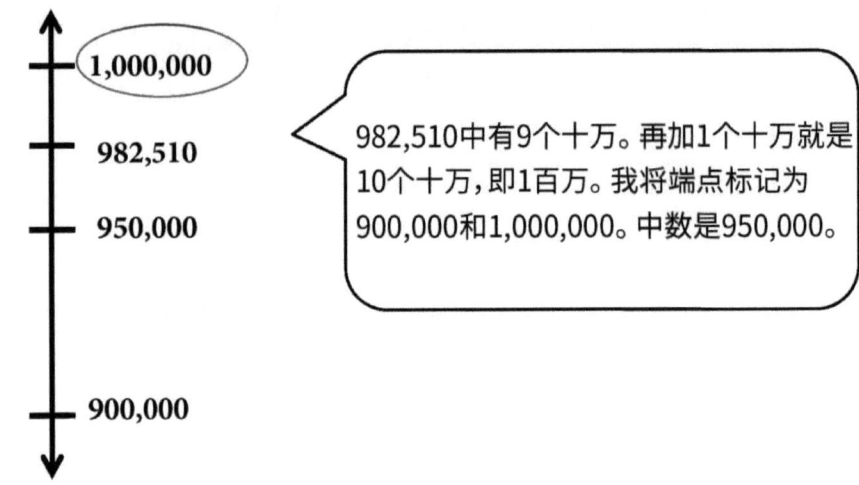

982,510中有9个十万。再加1个十万就是10个十万，即1百万。我将端点标记为900,000和1,000,000。中数是950,000。

一年内**大约 1 百万本书被下载。**

3. 将每个数字四舍五入到给定的数位来估计差异。

$$519{,}240 - 339{,}705$$

a. 四舍五入精确到十万位。

$$500{,}000 - 300{,}000 = 200{,}000$$

b. 四舍五入精确到万位。

$$520{,}000 - 340{,}000 = 180{,}000$$

用单位语言思考使这种减法变得容易：520个一千减去340个一千等于180个一千。

姓名 _____ 日期 _____

将数字四舍五入到给定的数位来完成每个语句。使用数线显示你的操作。

1. a. 67,000四舍五入精确到万位是。_____

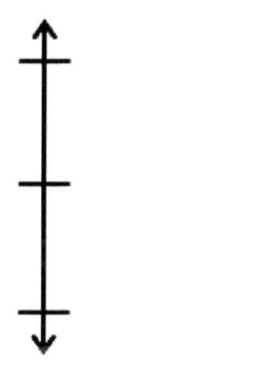

b. 51,988四舍五入精确到万位是。_____.

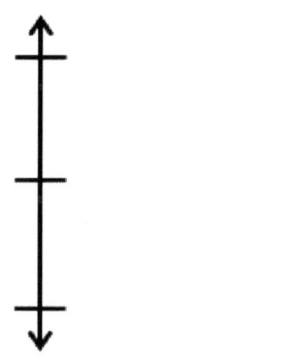

c. 105,159四舍五入精确到万位是。_____.

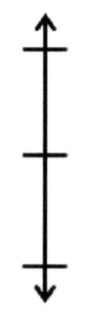

2. a. 867,000四舍五入精确到十万位是。_____

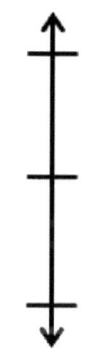

b. 767,074四舍五入精确到十万位是。_____.

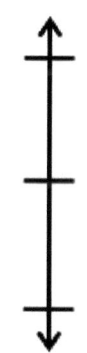

c. 629,999四舍五入精确到十万位是。_____.

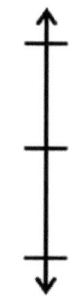

3. 7月，有491,852人去了水上乐园。将这个数字四舍五入精确到十万位，以估算去水上乐园的大概人数。使用数线显示你的操作。

4. 该数字被四舍五入精确到了十万位。列出万位可能的数字让该语句成立。使用数线显示你的操作。

   1_9,644 ≈ 100,000

5. 将每个数字四舍五入到给定的数位来估计总和。

   164,215 + 216,088

   a. 四舍五入精确到万位。

   b. 四舍五入精确到十万位。

单位的故事　　　　　　　　　　　　　　　　　　　　第9课家庭作业助手　4•1

1. 四舍五入精确到千位。

    a. 7,598 ≈ __8,000__

    b. 301,409 ≈ __301,000__

    > 我记得在第7课中如何四舍五入精确到最接近的千位。

    c. 说明你是如何找到(b)部分的答案的。

    在 301,409 里有 301 个一千。再多一千是 302 个一千。301 个一千和 302 个一千的中间数是 301 个一千 5 个一百。301,409 小于 301,500。因此，301,409 四舍五入精确到千位是 301,000。

2. 四舍五入精确到万位。

    a. 73,999 ≈ __70,000__

    b. 65,002 ≈ __70,000__

    > 我可能需要画一条线轴来验证我的答案。

    c. 解释两个问题为何答案相同。写出四舍五入精确到万位时答案相同的另一个数字。

    等于或大于 65,000 和小于 75,000 的任何数字四舍五入精确到万位时都是 70,000。65,002 大于 65,000，73,999 少于 75,000。另一个可四舍五入为 70,000 的数字是 68,234。

第9课：　　使用位置值知识将多位数四舍五入到任意位置值。

使用图片、数字或文字解答以下问题。

3. 美国城的人口大约是 700,000。如果将人口四舍五入精确到十万位,那么美国城最大和最小的人口数量分别是多少?

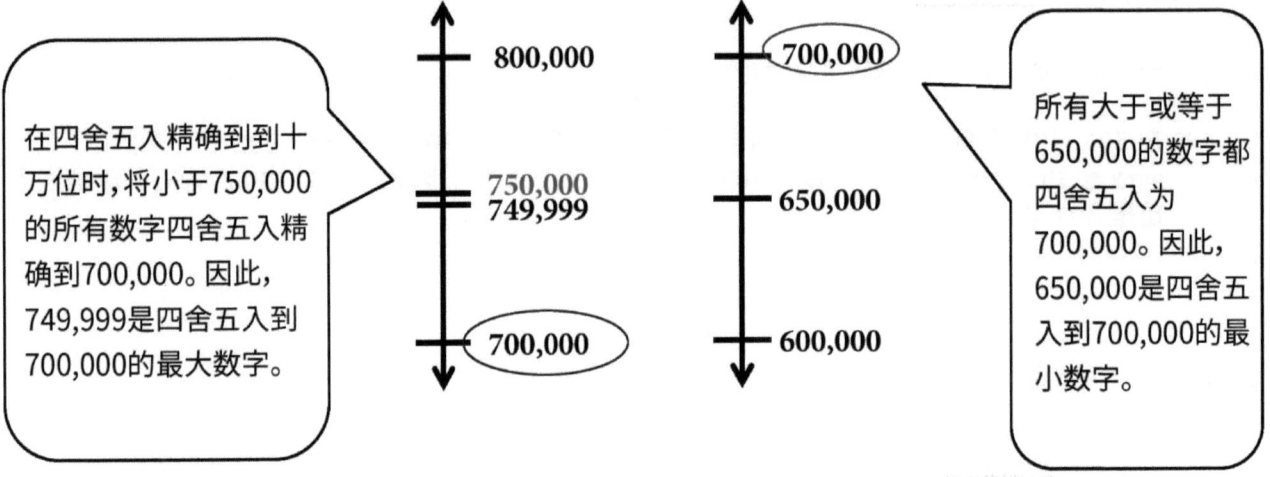

这个地方最大人口数是 749,999。我知道因为它比 750,000 少 1。该地最小人口数是 650,000。

单位的故事

姓名 _____ 日期 _____

1. 四舍五入精确到千位。

   a. 6,842 ≈ _____

   b. 2,722 ≈ _____

   c. 16,051 ≈ _____

   d. 706,421 ≈ _____

   e. 说明你是如何找出(d)部分的答案的。

2. 四舍五入精确到万位。

   a. 88,999 ≈ _____

   b. 85,001 ≈ _____

   c. 789,091 ≈ _____

   d. 905,154 ≈ _____

   e. 解释两个问题为何答案相同。写出四舍五入精确到万位时答案相同的另一个数字。

3. 四舍五入精确到十万位。

   a. 89,659 ≈ _____

   b. 751,447 ≈ _____

   c. 617,889 ≈ _____

   d. 817,245 ≈ _____

   e. 解释两个问题为何答案相同。写出四舍五入精确到十万位时答案相同的另一个数字。

第9课: 使用位置值知识将多位数四舍五入到任意位置值。

4. 使用图片、数字或文字解答以下问题。

   a. 媒体头条新闻说有大约800,000人参加了2013年奥巴马总统的就职典礼。如果媒体是把这个数字四舍五入精确到了十万位，那是最多和最少的人数分别是多少？

   b. 报纸头条称有大约40万人参加了2005年布什总统的就职典礼。如果报纸是四舍五入精确到了万位，那么参加的最多和最少的人数分别是多少？

   c. 报纸头条称大约30,000人参加了1861年林肯总统的就职典礼。如果报纸是四舍五入到千位，那么参加典礼的最多和最少的人数分别是多少？

单位的故事 第10课家庭作业助手 4•1

1. 四舍五入 745,001 精确到

   a. 千位： __745,000__

   b. 万位： __750,000__

   c. 十万位： __700,000__

   > 我记得在第7课中问自己："745001在哪两个千位之间？"我试图在脑海中描绘数线。

   > 我记得在第8课中发现745,001中有多少个一万和多少个十万。然后,再添加一个该单元以求出端点。

使用图片、数字或文字解答以下问题。

2. 37,248 个人订阅当地报纸的递送。要决定打印多少份报纸,应该使用哪个数位来四舍五入 37,248 以便每个人都收到一份报纸？说明。

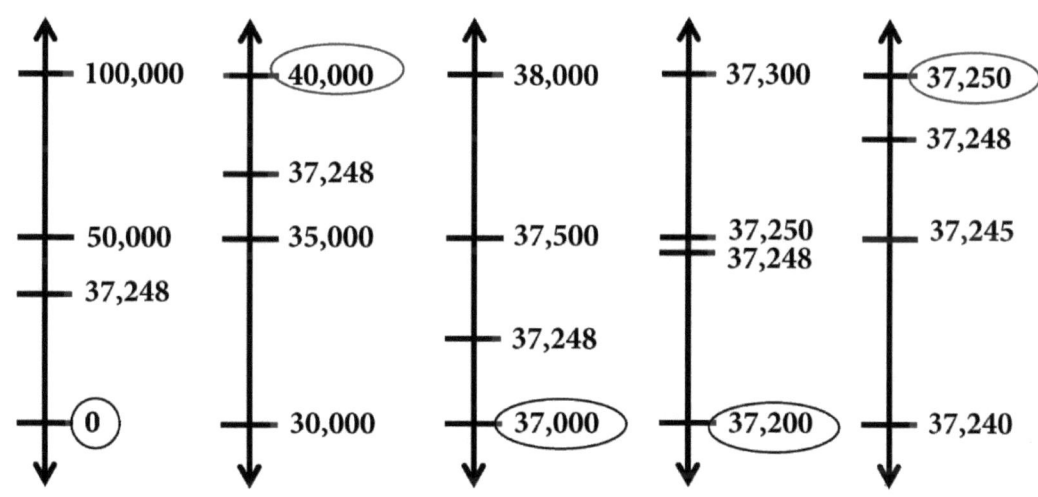

37,248 应该四舍五入精确到万位或精确到十位。这样印出的报纸会有多余，但是如果我四舍五入精确到十万位、千位或百位,印出的报纸就会不够。

> 画数线有助于证明我的书面答案。

第10课： 使用数位知识,结合实际应用将多位数四舍五入到任何数位

姓名 _____ 日期 _____

1. 将845,001四舍五入精确到

   a. 千位：_____。

   b. 万位：_____。

   c. 十万位：_____。

2. 将数字四舍五入到给定的数位来完成每个陈述。

   a. 783四舍五入精确到到百位是 _____。

   b. 12,781四舍五入精确到百位是 _____。

   c. 951,194四舍五入精确到百位是 _____。

   d. 1,258四舍五入精确到千位是 _____。

   e. 65,124四舍五入精确到千位是 _____。

   f. 99,451四舍五入精确到千位是 _____。

   g. 60,488四舍五入精确到万位是 _____。

   h. 80,801四舍五入精确到万位是 _____。

   i. 897,100四舍五入精确到万位是 _____。

   j. 880,005四舍五入精确到十万位是 _____。

   k. 545,999四舍五入精确到十万位是 _____。

   l. 689,114四舍五入精确到十万位是 _____。

第10课： 使用数位知识，结合实际应用将多位数四舍五入到任何数位。

3. 使用图片、数字或文字解答以下问题。

   a. 2011年纽约市马拉松比赛中，29867名男子完成了比赛，16928名女子完成了比赛。每位完成比赛的人都获得了一件T恤。大约送出了多少件男式T恤？大约送出了多少件女式T恤？说明你是如何找出答案的。

   b. 2010年纽约市马拉松比赛中，42,429人完成了比赛并获得了奖牌。奖牌必须在比赛前就先订好。如果你负责订购奖牌，通过四舍五入估计了订购数量，你是否订购了足够的奖牌？解释你的想法。

   c. 2010年，完成比赛的人中有28,357位男性，14072位女性。完成比赛的男性比女性多多少？为了确定答案，你四舍五入精确到的万位还是千位？说明。

> 使用算法表示这些步骤按单位重复。这可能是解题的有效方法。

1. 使用标准算法解决加法题。

   a.　　5, 1 2 2
       + 2, 4 5 7
       ─────────
         7, 5 7 9

   > 这里没有重组！我只是相加类似的单位。2个一加7个一是9个一。我将9放在个位数列作为和的一部分。然后，我继续相加十位数、百位数和千位数单位的数量。

   b.　　5, 1 2 4
       + 2, 4 5 7
       ─────────
             1
         7, 5 8 1

   > 我必须重新组合个位数。4个一 + 7个一 = 11个一。11个一等于1个十 + 1个一。我在数线上的十位数记录1个十。我在个位数列记录1个一作为和的一部分。

   > 我加十。2个十 + 5个十 + 1个十 = 8个十。我在十位数列记录8个十作为和的一部分。

   c. 38,192 + 6,387 + 241,458

   　　　　3 8, 1 9 2
   　　　　　　6, 3 8 7
   　　+ 2 4 1, 4 5 8
   　　──────────────
   　　　　1 1 2 1
   　　　　2 8 6, 0 3 7

   > 只要排列了相似的单位，加数的顺序就无关紧要。

2. 画一个带形图来表示问题。采用数字来解答，和并将你的答案写成一个陈述句。

   7月，冰淇淋摊卖出了一些冰淇淋甜筒。3,907个香草。2,568个不是香草。他们在7月卖出了多少个甜筒？

   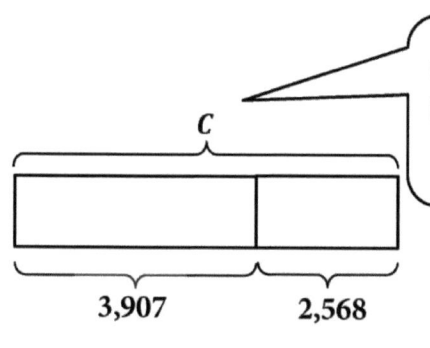

   > 我可以画一个带形图。我知道这两个部分，但我不了解整个部分。我可以用变量C标记未知数。

   3,907 + 2,568 = C

   > 我写一个等式。然后，我解题求出总数。我写一个陈述句告诉我答案。

   　　3, 9 0 7
   　+ 2, 5 6 8
   　─────────
   　　　1　1
   　　6, 4 7 5

   冰淇淋摊在七月出售 6,475 个甜筒。

   第11课：使用位置值知识，可以使用标准加法算法流利地加多位整数，使用带形图将算法用来解决应用题。

姓名 _____   日期 _____

1. 使用标准算法解答以下附加问题。

   a.　　7,909　　　　　　b.　　27,909　　　　　　c.　　827,909
      　+ 1,044　　　　　　　　+ 9,740　　　　　　　　+ 42,989

   d.　　289,205　　　　　e.　　547,982　　　　　　f.　　258,983
      　+ 11,845　　　　　　　+ 114,849　　　　　　　+ 121,897

   g.　　83,906　　　　　　h.　　289,999　　　　　　i.　　754,900
      　+ 35,808　　　　　　　+ 91,849　　　　　　　　+ 245,100

画一个带形图表示每个问题。使用数字来解答，然后把你的答案写成一个陈述句。

2. 在动物园，布鲁克得知一只犀牛重4,897磅，一只长颈鹿重2,667磅，一头非洲大象重12,456磅，一只科莫多巨蜥重123磅。

   a. 动物园的非洲象和长颈鹿的总重量是多少？

   b. 动物园的非洲象和犀牛的总重量是多少？

   c. 动物园的非洲象、犀牛和长颈鹿的总重量是多少？

   d. 动物园的科莫多巨蜥和犀牛的总重量是多少？

单位的故事　　　　　　　　　　　　　　　　　　　　　　　第12课家庭作业助手　4•1

估计然后解答。使用带形图为习题建模。解释你的答案是否合理。

1. 7月动物园的游客比6月多出 4,806 人。6月有 6,782 位游客。在这两个月中，动物园共有多少游客？

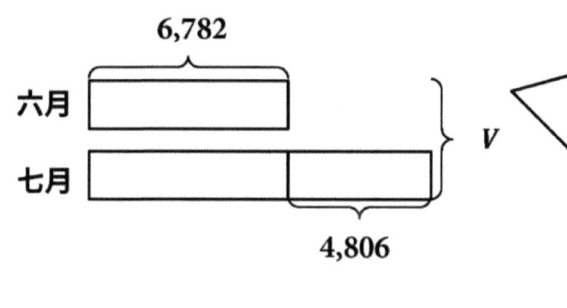

因为习题指出了六月和七月之间的关系，因此我可以画两条带。我将7月份的带做长一些，因为7月份的访客更多。我将7月的条带分为两部分：一部分是6月份的人数，另一部分是 4,806 位访客。

a. 6月和7月，动物园大概有多少游客？

　7,000 + 7,000 + 5,000 = 19,000

　6月和7月动物园大约有 19,000 位游客。

为了估算总数，我将每个数字四舍五入精确到到最接近的千位，然后将这些数字相加。

b. 6月和7月动物园到底有多少游客？

```
    6, 7 8 2
    6, 7 8 2
+   4, 8 0 6
────────────
    ² ¹ ¹
  1 8, 3 7 0
```

当我查看带形图时，我发现我不必求解7月即可求出总数。这为我节省了一步。

6月和7月 动物园有 18,370 位游客。

c. 你的答案合理吗？将答案和你估计的数字进行比较。写一句话来解释你的理由。

答案范例：我的答案是合理的，因为我估计的数字 19,000 只比实际答案 18,370 多出大约 600。我的估算值大于实际答案，因为我将每个加数四舍五入到了千位。

第12课：　使用带状图建模的标准加法算法解决多步走应用题，并使用四舍五入来评估答案的合理性。

2. 艾玛的班级花了四个月的时间收集美分。

   a. 在第3个月，班级收集的美分比第2个月多出 1,211 枚。计算这4个月里收集的美分总数。

月份	收集的美分
1	4,987
2	8,709
3	
4	8,192

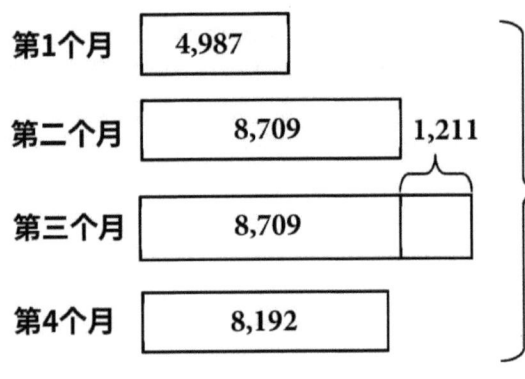

我画条带代表每个月。现在，我可以看到在第3个月中收集了多少美分。

$5{,}000 + 9{,}000 + 9{,}000 + 1{,}000 + 8{,}000 = 32{,}000$

```
    4, 9 8 7
    8, 7 0 9
    8, 7 0 9
    1, 2 1 1
 +  8, 1 9 2
    ─────────
  3 1, 8 0 8
```

我以单位形式相加：5个一千 + 9个一千 + 9个一千 + 1个一千 + 8个一千 = 32个一千。估计4个月内收集的美分总数为32个一千。

在四个月内收取的美分总数为31,808。

为了求出四个月内收取的总美分数，我可以求解第3个月的，然后将所有月份加起来求P。相反，我只是将每个条带的值加在一起。带形图显示了如何一步解此题，而不是两步。

b. 你的答案合理吗？解释。

答案范例：我的答案是合理的。31,808 只比估计的 32,000 少了约 200。

单位的故事　　　　　　　　　　　　　　　　　　　　　　第12课家庭作业　4•1

姓名 _____　　日期 _____

估计然后解答每个问题。使用带形图为习题建模。解释你的答案是否合理。

1. 1月学校网站上的点击次数比2月多了3905次。2月的点击次数为9,854。在过去的两个月中，学校网站点击次数是多少？

   a. 学校网站在1月和2月的点击次数大约是多少？

   b. 学校网站在1月和2月的精确点击次数是多少？

   c. 你的答案合理吗？比较你的（a）估计值和（b）答案。写一句话来解释你的理由。

第12课：　使用带形图建模的标准加法算法解决多步走应用题，并使用四舍五入来评估答案的合理性。

2. 星期天，77,098位球迷参加了 纽约 喷气机队的比赛。 同一天，参加 纽约巨人队比赛的球迷比参加纽约喷气机队比赛的球迷多出了3,397。 总共有多少球迷参加了 比赛？

    a. 参加球赛 的实际球迷人数是多少？

    b. 你的答案合理吗？ 把每个数字 四舍五入精确到千位，估算出多少球迷参加了比赛。

3. 去年,在泰德的农场里,他的四头奶牛生产了下面这么多的牛奶(以升为单位):

奶牛	生产的牛奶(以升为单位)
黛西	5,098
贝齐	
玛丽	9,980
黄油杯	7,087

a. 贝齐生产的牛奶比黄油杯多出986升。这四头奶牛总共生产了多少升牛奶?

b. 你的答案合理吗? 解释。

单位的故事　　　　　　　　　　　　　　　　　　　　　　　第13课家庭作业助手　4•1

1. 使用标准算法解答下面的减法问题。

   a.
   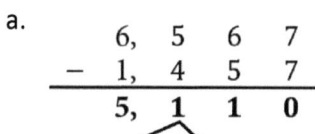

   我看最高一行的数字,看看可不可以减。我有足够的单位,所以我不用重组!我只要减相似的单位。7个一减7个一是0个一。我继续减十位、百位和千位。

   b.
   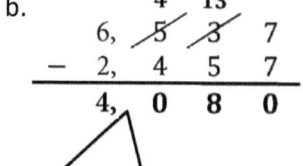

   我没有足够数量的十位数来从3个十中减去5个十。我将1个一百分解为10个十。

   现在,我有4个一百。我通过划掉5并在百位数上写4来说明这一点。10个十 + 3个十 = 13个十。我通过划掉3个十位数并在十位数中写13来说明这一点。

   c. 3,532 - 921

   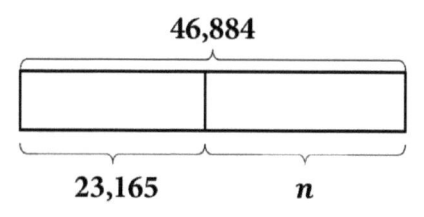

   就像在第11课中一样,我以垂直形式编写习题,确保将单位排列。

2. 什么数字加上 23,165 的总和是 46,884？

   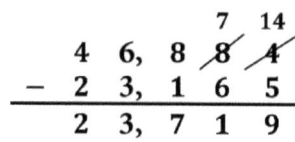

   $23,165 + n = 46,884$

   为了求解文字题,我使用RDW:读,画和写。我阅读了习题。我画一幅画,就像一个带形图,然后将我的答案写成方程式和陈述句。

   ```
       7 14
   4 6, 8 8 4
   - 2 3, 1 6 5
   ─────────────
     2 3, 7 1 9
   ```

   23,719 加 23,165。

第13课： 一旦使用标准减法算法,就可以使用数位知识将其分解为较小的单位,并结合带形图将该算法用于解答应用题。

画一个带形图来为问题建模。使用数字解答，并把答案写成一个陈述句。检查回答。

3. 斯旺森先生驾驶了 5,654 英里。斯旺森太太也驾驶了一些英里数。如果他们的车总共驾驶了 11,965 英里，那么斯旺森太太驾驶了多少英里？

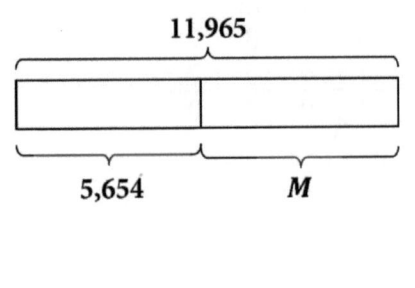

$11,965 - 5,654 = M$

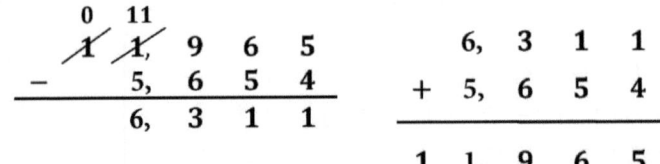

斯旺森夫人开车6,311英里。

为了检查我的答案，我将差加到已知部分。它等于整体，所以我正确地减去了。

姓名 _____   日期 _____

1. 使用标准算法来解答下面的减法问题。

   a.　　2,431
   　　－　341

   b.　　422,431
   　　－　14,321

   c.　　422,431
   　　－　92,420

   d.　　422,431
   　　－392,420

   e.　　982,430
   　　－　92,300

   f.　　243,089
   　　－137,079

   g. 2,431 - 920 =

   h. 892,431 - 520,800 =

2. 哪个数字加上14,056是38,773？

画一个带形图来为每个问题建模。使用数字解答问题，并把答案写成一个陈述句。检查答案。

3. 一所小学在一个回收计划里收集了1,705个瓶子。一所高中也收集了一些瓶子。两所学校共收集了3,627个瓶子。这所高中收集了多少瓶子？

4. 一家电脑店出售了价值356,291美元的电脑和配件。配件售出了43,720 美元。那电脑店的电脑售出了多少钱？

5. 一个城市的人口是538,381。人口中有148,170是儿童。
   a. 那么有多少成年人居住在这个城市？

   b. 成年人中有186101人是男性。那么成年人中有多少人是女性？

1. 使用标准算法解决下面的减法问题。

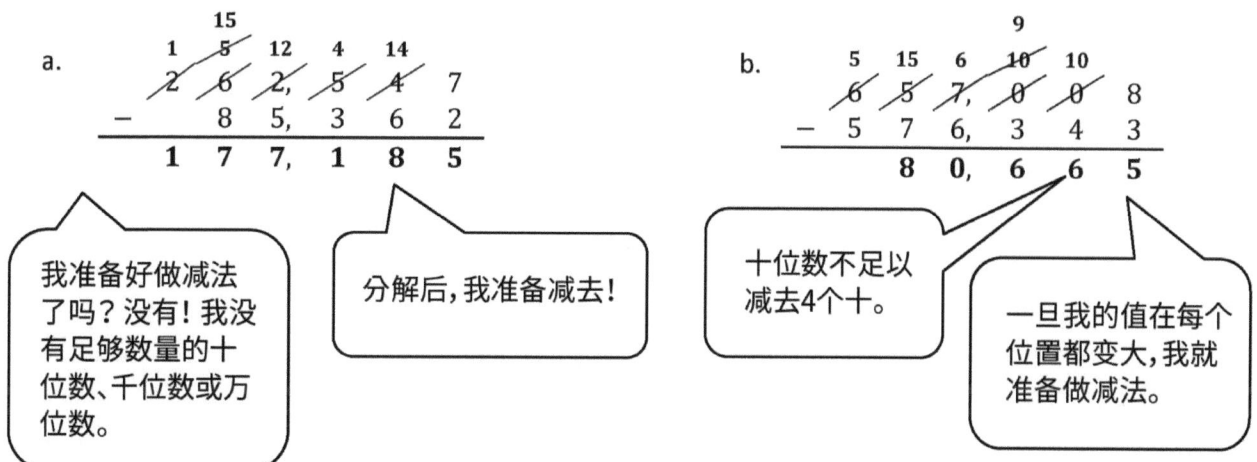

画一个带形图来表示下面的问题。使用数字来解答，将答案写成一个陈述句。检查答案。

2. 斯特拉的网站被访问了 542,000 次。拉奎尔的网站被访问了 231,348 次。斯特拉网页的访问次数比拉奎尔的多多少？

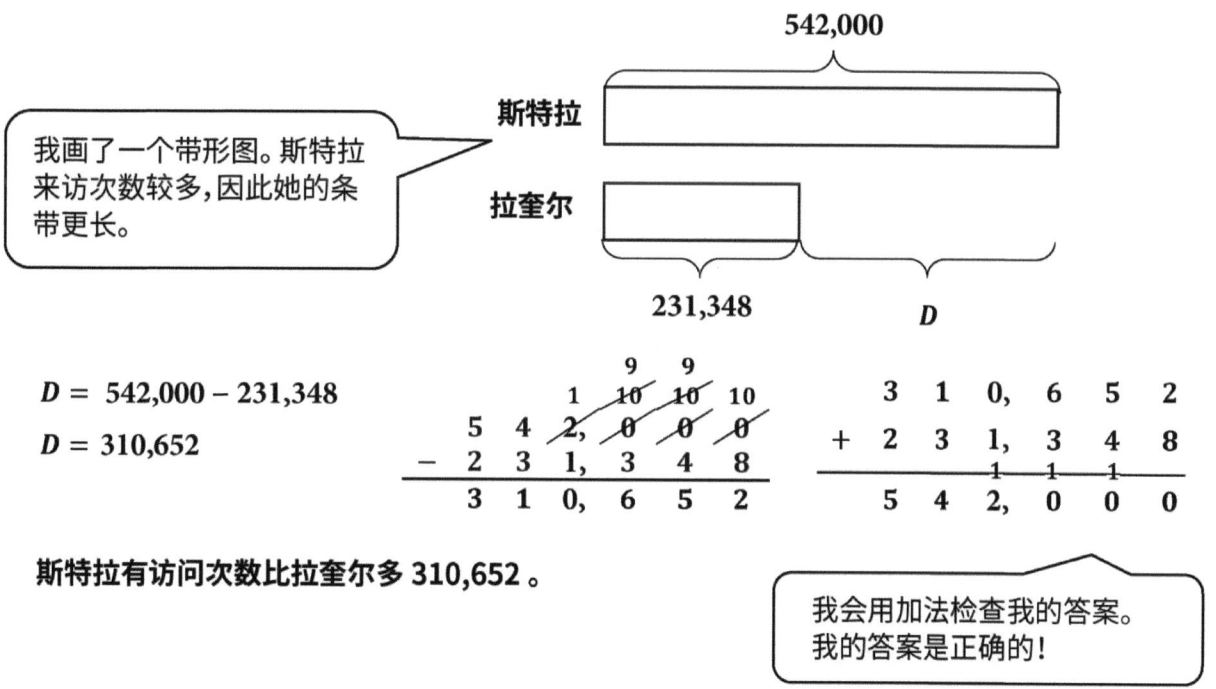

斯特拉有访问次数比拉奎尔多 310,652。

姓名 _____   日期 _____

1. 使用标准算法解答下面的减法问题。

   a.　　71,989　　　　　b.　　371,989　　　　　c.　　371,089
       − 21,492　　　　　　　 − 96,492　　　　　　　 − 25,192

   d.　 879,989　　　　　e.　 879,009　　　　　f.　 879,989
       −721,492　　　　　　 −788,492　　　　　　 − 21,070

   g.　 879,000　　　　　h.　 279,389　　　　　i.　 500,989
       − 21,989　　　　　　 −191,492　　　　　　 −242,000

画一个带形图来表示每个问题。 使用数字来解答问题,并把答案写成一个陈述句。检查答案。

2. 杰森为他的25家面包店购买了239,021磅面粉。面粉公司投送了451,202磅面粉。面粉公司多送了多少磅面粉?

3. 5月,纽约公共图书馆借出了124,061本书。借出的那些书中,有31,117本是推理小说。借出的书里,有多少本不是推理小说?

4. A类自卸车可拖运239,000磅沙土。C类自卸车可拖运600,200磅沙土。C类自卸车比A类自卸车要多拖运多少磅?

使用标准减法算法解答下面的问题。

1.
```
   6 0 0, 4 0 0
 −    7 2, 6 4 9
```
> 我还没准备好减去。我必须重组。

学生A答案范例：

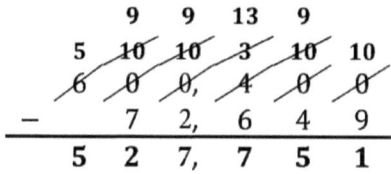

> 我从个位逐个单位开始工作。我可以将4个一百重命名为3个一百10个十。然后，我将10个十重命名为9个十10个一。在我准备减法之前，我将继续分解。

学生B答案范例：

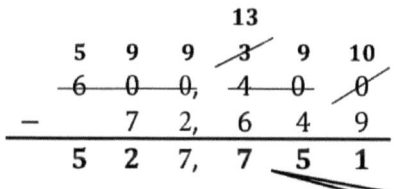

> 我需要更多个位数。我将40个十解绑为39个十10个一。

> 我需要大于3个一百减去6个一百。我可以将600个一千重命名为599个一千10个一百。10个一百加3个一百就是13个一百。

使用带形图和标准算法解答下面的问题。检查你的答案。

2. 约翰斯顿的新家花费了200,000美元。他们支付了大部分，现在还欠33,562美元。他们已经支付了多少钱？

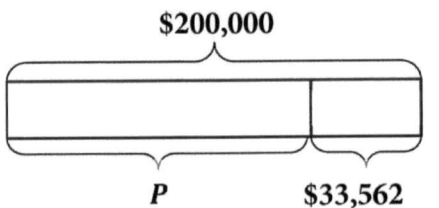

$200,000 - $33,562 = P$

学生A答案范例：

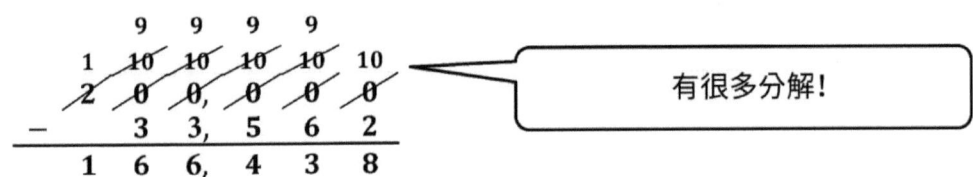

有很多分解！

学生B答案范例：

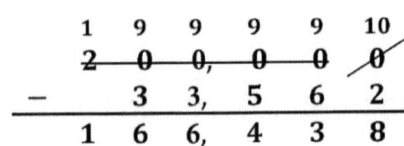

我将20,000个十重命名为19,999个十10个一。

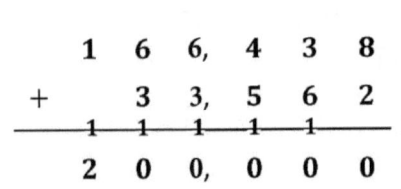

我通过相加两个部分来检查我的答案。和等于新房的费用。我的回答是正确的。

约翰斯顿夫妇已经付款166, 438美元。

姓名 _____   日期 _____

使用标准减法算法解答下面的问题。

a.　　9,656　　　　　　　　b.　　59,656　　　　　　　c.　　759,656
　　－　 838　　　　　　　　　　－ 5,880　　　　　　　　　－579,989

d.　　294,150　　　　　　　e.　　294,150　　　　　　　f.　　294,150
　　－166,370　　　　　　　　　－239,089　　　　　　　　　－ 96,400

g.　　800,500　　　　　　　h.　　800,500　　　　　　　i.　　800,500
　　－ 79,989　　　　　　　　　－ 45,500　　　　　　　　　－276,664

使用带形图和标准算法解答下面的问题。检查你的答案。

2. 一艘渔船出海航行了6个月，共行驶了8,578英里。在第1个月，船行驶了659英里。在剩下的5个月里，渔船行驶了多少英里？

3. 9月的第1周，一处国家纪念碑有160,747名游客。整个9月，共有759,656人参观了这个纪念碑。有多少人在9月第1周之后参观了这个纪念碑？

4. 暗影软件公司在2012年期间出售软件共获得800,000美元。其中，125,300美元用于支付公司的开支。暗影软件公司在2012年获得了多少利润？

5. 在本地一家水族馆，海豹布巴这周吃掉了25,634克鱼。如果它在这周的第一天吃了6,987克鱼，那么在这周剩余时间它吃了多少克鱼？

1. 在三个月的夏季业务中，这家本地冰淇淋店的总销售额为94,326美元。第一个月的销售额为24,314美元，第二个月的销售额为30,867美元。

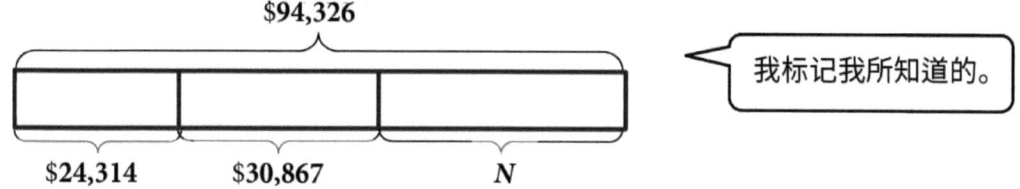

我标记我所知道的。

a. 将每个数值四舍五入精确到万位，以估算第三个月的销售额。

$24,314 \approx \$20,000$ $\$20,000 + \$30,000 = \$50,000$

$30,867 \approx \$30,000$ $\$90,000 - \$50,000 = \$40,000$

$94,326 \approx \$90,000$ **第三个月的销售量约为 $40,000.**

为了估算第三个月的销售额，我从总额中减去了两个月的和。

b. 算出第三个月的确切销售额。

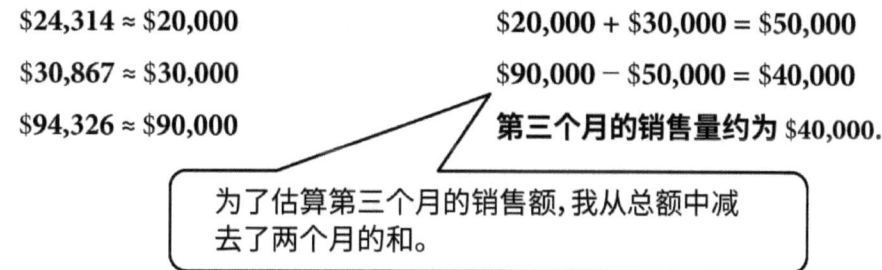

当我相加第一个月和第二个月的销售额时，我会在数线上重新分组。

第三个月的确切销售额是 39,145美元。

c. 使用(a)部分的答案来解释你(b)部分的答案为何是合理的。

我的答案39,145美元是合理的，因为它很接近我40,000美元的估算值。**实际答案与我的估算值之间的差额小于1,000美元。**

2. 发行后的第一个月，一本畅销书售出了55,316本。发行后的第二个月，销量减少了16,427本。前两个月共售出了多少本？

你的答案合理吗？

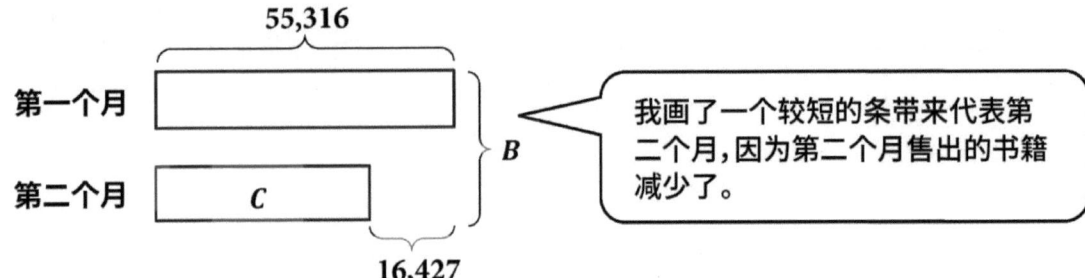

学生 A 答案范例：

$C = 55{,}316 - 16{,}427$

$C = 38{,}889$

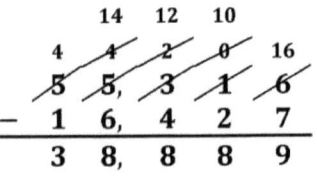

我减去以求出第二个月出售的实际份数。

$B = 55{,}316 + 38{,}889$

$B = 94{,}205$

```
    5 5, 3 1 6
  + 3 8, 8 8 9
  ─────────────
    9 4, 2 0 5
```

$55{,}316 \approx 60{,}000$

$16{,}427 \approx 20{,}000$

$60{,}000 - 20{,}000 = 40{,}000$

$60{,}000 + 40{,}000 = 100{,}000$

然后，我将第一个月和第二个月的份数相加，得出总数。

学生 B 答案范例：

$B = 55{,}316 + 55{,}316 - 16{,}427$

$B = 110{,}632 - 16{,}427$

$B = 94{,}205$

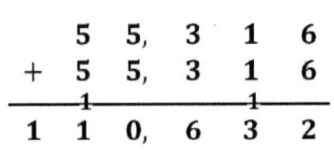

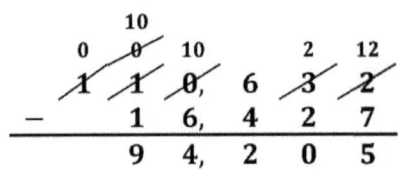

$110{,}632 \approx 111{,}000$

$16{,}427 \approx 16{,}000$

$110{,}000 - 16{,}000 = 95{,}000$

要求出总数，我可以将两个单位的55,316相加，然后减去16,427。

94,205 本在头两个月内售出。

我四舍五入精确到最接近的一万。我的回答是合理的。比我的估计少6,000。我希望能看到这个差，因为我将每个数字四舍五入取整到最接近的万位。

我四舍五入精确到最接近的千位。我的答案确实接近我的估计！当我四舍五入到一个较小的位值单位时，我常常会得到一个更接近实际答案的估算。

第16课： 使用标准减法算法，流畅地用带形图建模，解答两步骤应用题，并使用四舍五入评估答案的合理性。

姓名 _____ 日期 _____

1. 扎卡里的大学课程最后一个项目花了一个学期,写了95,234个字。扎卡里在第一个月写了35,295个字,第二个月写了19,240个字。

   a. 将每个数值四舍五入精确到万位,以估算扎卡里在本学期剩余时间写了多少个字。

   b. 算出学期剩余时间所写的确切字数。

   c. 使用(a)的答案来解释为什么(b)的答案是合理的。

2. 在今年第一季度，有351,875人在他们的智能手机上下载了一款应用程序。与第一季度相比，今年第二季度下载该应用程序的人数减少了101,949。今年两个季度里共有多少次下载？

   a. 将每个数字四舍五入精确到十万位，以估算今年前两个季度的下载次数。

   b. 算出今年前两个季度的确切下载次数。

   c. 确定你的答案是否合理。说明。

3. 一家本地商店进行了为期两周的"返校"促销。促销开始时，他们有36,390本笔记本。促销的第一周，售出了7,424本笔记本。促销的第二周，售出了8,967本笔记本。两周结束时还剩下多少本笔记本？你的答案合理吗？

画一个带形图表示每个问题。 使用数字来解答问题，并把答案写成一个陈述句。

1. 赛莎有 1,025 个贴纸。埃文只有 862 个贴纸。埃文比赛莎多多少个贴纸？

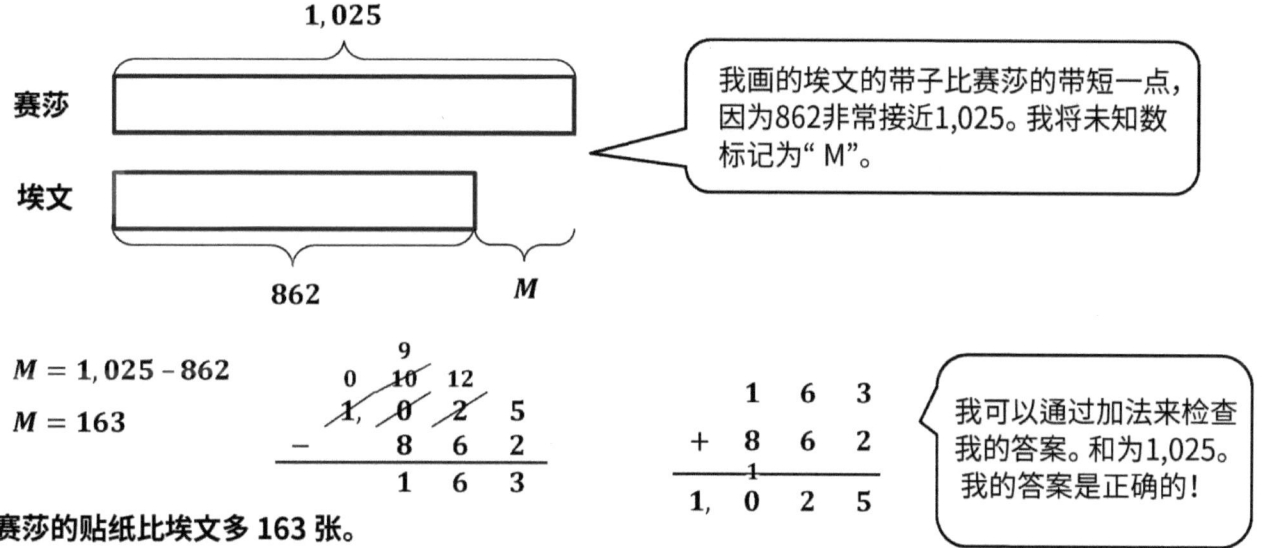

$M = 1,025 - 862$

$M = 163$

赛莎的贴纸比埃文多 163 张。

2. 牛奶卡车B有3,994加仑牛奶。牛奶卡车A和牛奶卡车B一共有8,789加仑牛奶。牛奶卡车A的牛奶比牛奶卡车B多出多少加仑？

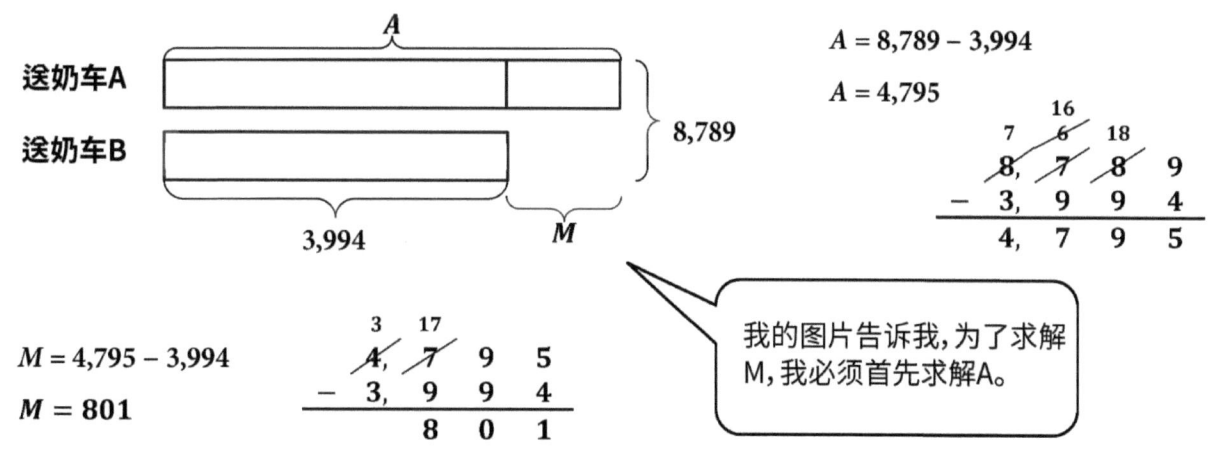

$A = 8,789 - 3,994$

$A = 4,795$

$M = 4,795 - 3,994$

$M = 801$

送奶卡车A比送奶卡车B容量多801加仑。

3. 紫色彩带长 180 英寸。将紫色彩带剪去40英寸后,紫色彩带的长度是蓝色彩带的两倍。紫色彩带本来比蓝色彩带长多少英寸?

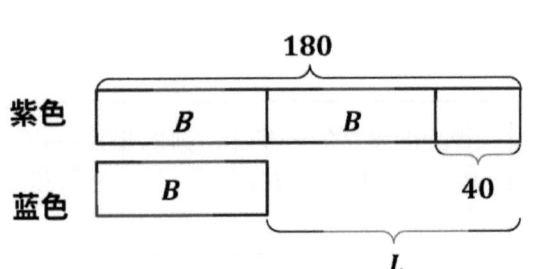

> 我使用单位语言来帮助解题。紫色的彩带现在长140英寸。

$2B = 18个十 - 4个十$

$2B = 14个十 或 140$

$B = 14个十 ÷ 2$

$B = 7个十$

$B = 70$

> 我分开得出蓝色彩带的长度。

$L = 180 - 70$

$L = 18个十 - 7个十$

$L = 11个十$

$L = 110$

紫色彩带本来比蓝色的彩带长110英寸。

> 我从紫色彩带的原始长度中减去蓝色彩带的长度。

单位的故事　　　　　　　　　　　　　　　　　　　　　　　　　第17课家庭作业　4•1

姓名 _____　　　日期 _____

画一个带形图来表示每个问题。　使用数字解答问题，并把答案写成一个陈述句。

1. 加文拥有1,094块玩具积木。艾利只有816块玩具积木。加文的玩具积木比艾利多多少块？

2. 容器B可容纳2,391升水。容器A和容器B一共可容纳11,875升水。容器A容纳的水要比容器B多多少升？

第17课：　使用带形图建模，解答加法比较应用题。

3. 黄色纱线长230英寸。剪去90英寸后,那条黄色纱线的长度是一条蓝色纱线的两倍。黄色纱线本来比蓝色纱线长多少英寸?

画一个带形图来表示每个问题。使用数字解答问题，并把答案写成一个陈述句。

1. 布里奇特写下了三个数字。第一个数字是7,401。第二个数字比第一个小4,610。第三个数字比第二个大2,842。这三个数字的总和是多少？

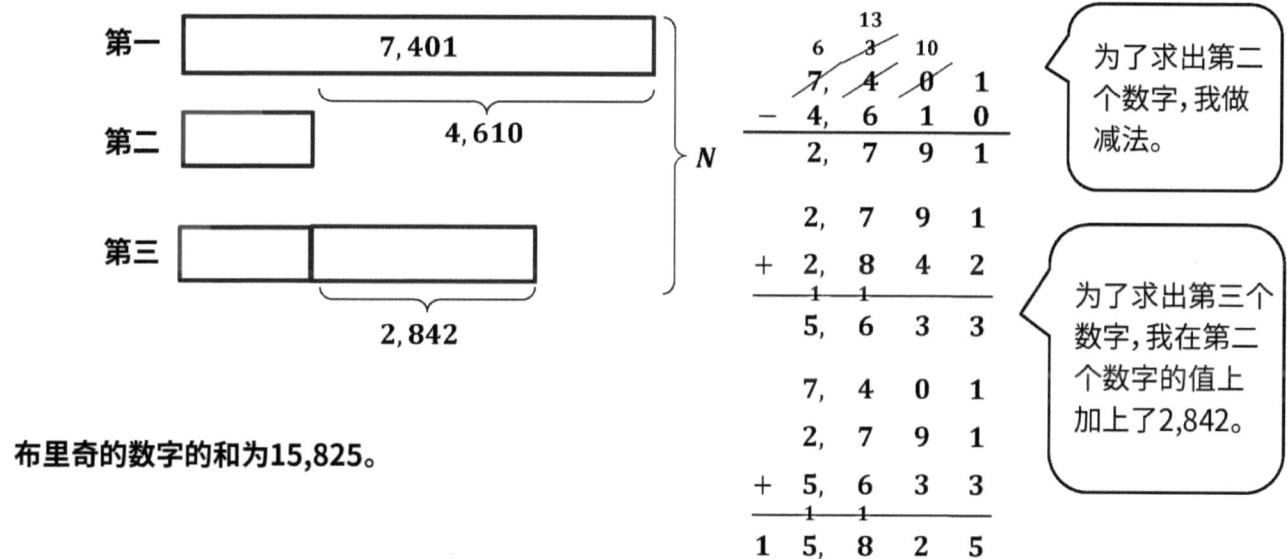

布里奇的数字的和为15,825。

2. 桑普太太总共卖出了43,210磅的护根。她卖了13,305磅樱桃护根。她卖出的桦木护根比樱桃护根多4,617磅。卖出的其余护根是枫树。桑普太太卖了多少磅的枫树护根？

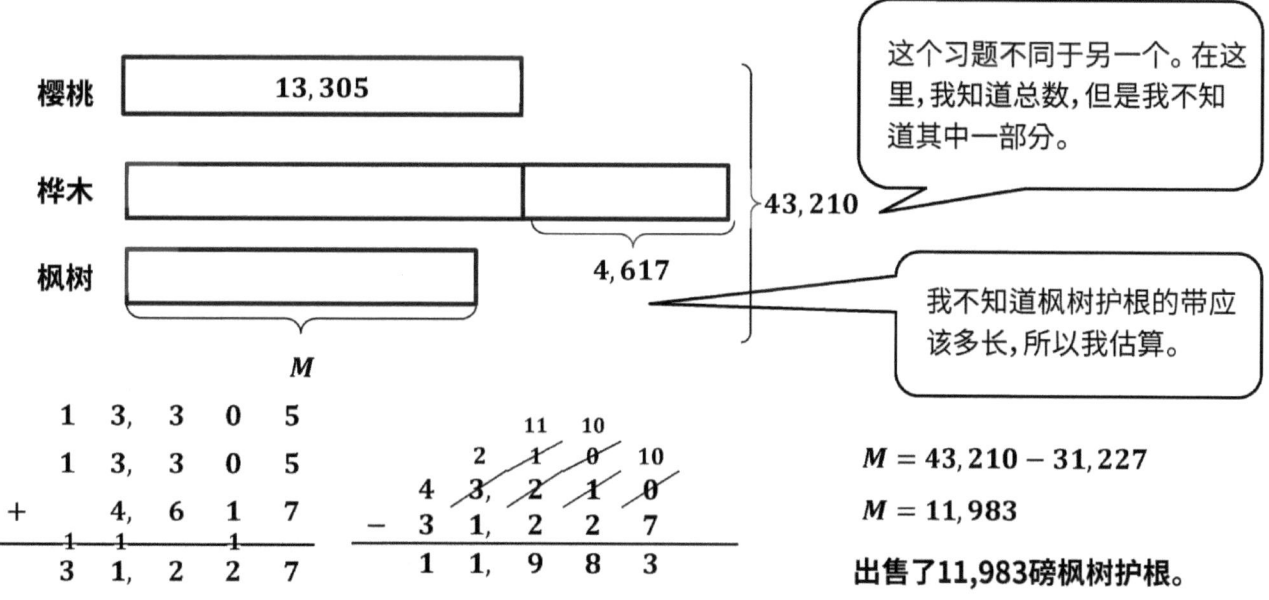

姓名 _____ 日期 _____

画一个带状图来表示每个问题。使用数字解答问题，并把答案写成一个陈述句。

1. 展会上有 22,869 名儿童，49,563 名男性，女性比男性多 2,872 人。展会上有多少人？

2. 数字A是4,676。数字B比数字A大10,043。数字C比数字B小2,610。数字A、B、C的总和是多少？

3. 一家商店共售出了21,650个球。它卖了11,795个棒球。它卖出的篮球比棒球少4,150个。其余卖出的球是橄榄球。这家商店卖出了多少个橄榄球？

单位的故事　　　　　　　　　　　　　　　　　　　　　　　　第19课家庭作业助手　4·1

1. 使用下图，创建自己的应用题。求出变量T的值。

   有28,596**人在A公司工作**。在B公司工作的人比A公司工作的人**多26,325个**。一共有多少**人在两家公司工作？**

   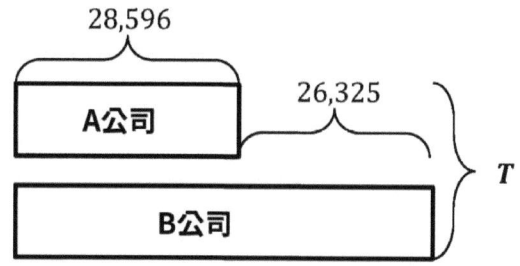

   在分析了带形图之后，我为一个文字题创建了一个背景并填空。我写道："总共多少个"是因为总数T未知数。

   B公司 = 28,596 + 26,325

   ```
       2 8, 5 9 6
     + 2 6, 3 2 5
       ─────────
         1 1 1
       5 4, 9 2 1
   ```

   T = A公司 + B公司

   ```
       5 4, 9 2 1
     + 2 8, 5 9 6
       ─────────
         1 1 1
       8 3, 5 1 7
   ```

   两家公司共有83,517名员工。

2. 使用以下带形图创建一个应用题。求出变量A的值。

   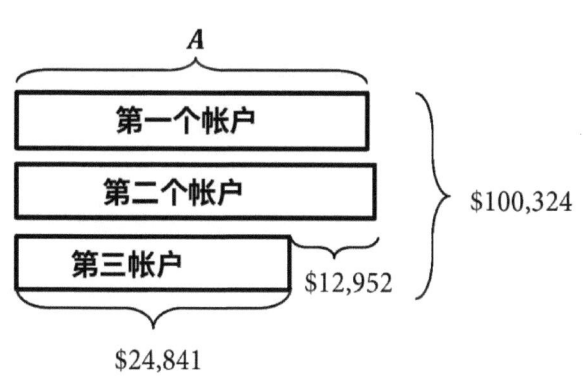

   我分析了带形图。我发现一个背景，并根据已知和未知写一个文字题。我标记部分。

   W先生拥有3个银行帐户，总余额为100,324美元。他的第三个帐户中有$24,841，第二个帐户中比第三个账户中多$12,952。W先生的第一个帐户的余额是多少？

   ```
       1 2, 9 5 2              3 7, 7 9 3
     + 2 4, 8 4 1            + 2 4, 8 4 1
       ─────────                ─────────
           1                      1 1
       3 7, 7 9 3              6 2, 6 3 4
   ```

   ```
             9 9
            10 10 12 12
       1  0̸ 0̸, 3̸ 2̸ 4
     −    6 2, 6 3 4
          ─────────
          3 7, 6 9 0
   ```

   W先生的第一个帐户的余额为 $37,690。

单位的故事　　　　　　　　　　　　　　　　　　　　　　　　第19课家庭作业　4•1

姓名 _____　　　日期_____

使用下图，创建自己的应用题。求出变量的值。

1. 当地的植物园 有_____

   棵红杉和 _____ 棵柏树。

   总共有 _____ 棵红杉，

   柏树和山茱萸。

   有多少_____

   _____

   _____?

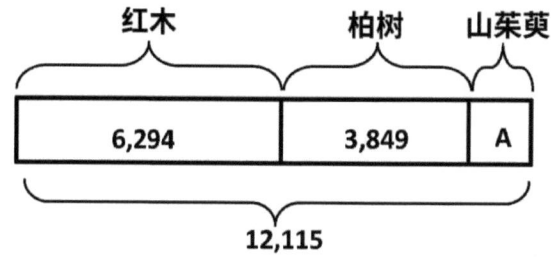

2. 有65,302 _____

   _____。

   少 37,436_____

   _____。

   有多少_____

   _____?

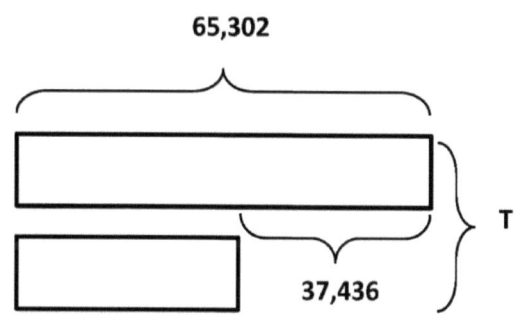

第19课：　从给定的带形图和等创建并解答多步骤应用题。

3. 使用以下带形图创建一个应用题。求出变量的值。

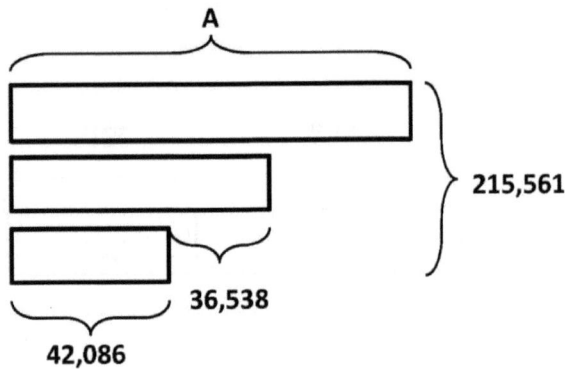

4. 画一个带形图为以下等式建模。创建一个应用题。求出变量的值。

27,894 + A + 6,892 = 40,392

四年级

模块2

四年级

模块 2

1. 找出当量的测量值。

    a. 3 千米 = __3,000__ 米

    b. 4 米 = __400__ 厘米

    > 我知道 1 公里等于 1000 米。

    > 我知道 1 米等于 100 厘米。

2. 找出当量的测量值。

    a. 2 千米 345 米 = __2,345__ 米

    b. 4 米 23 厘米 = __423__ 厘米

    c. 12 千米 45 米 = __12,045__ 米

    d. 24 米 3 厘米 = __2,403__ 厘米

    > 我知道 12 公里等于 12,000 米,所以我加 12,000 米加 45 米。

    > 我知道 24 米等于 2400 厘米,所以我加 2400 米加 3 厘米。

3. 解题。

    a. 3 米 - 42 厘米

    例题学生A答案:

    3 米 = 300 厘米

    ```
       2  9 10
       3̷  0̷  0̷   厘米
    -     4  2   厘米
    ─────────────
          2  5  8  厘米
    ```

    > 在减去之前,我组成类似单位。3 米等于 300 厘米。

    例题学生B答案:

    42 厘米 →(+8 厘米)→ 50 厘米 →(+50 厘米)→ 1 米 →(+2 米)→ 3 米

    8 厘米 + 50 厘米 + 2 米 = 2 米 58 厘米

    > 我将使用箭头的方式进行累加。我相加厘米和米来构成下一个整体。

    > 我加 8 厘米组成下一个十,即 50 厘米。我加 50 厘米组成下一个米,而 1 米是距离 3 米差 2 米。

    > 现在,我将圈出的所有部分相加,求出 2 米 58 厘米就是 3 米和 42 厘米之间的差。

第 1 课: 用较小的单位表示公制长度测量值;建模并解答涉及公制长度的加减法应用题。

b. 32 米 14 厘米 - 8 米 63 厘米

例题学生A答案：

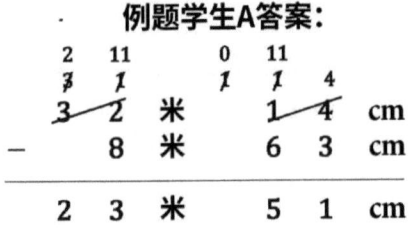

14 厘米不足以减去 63 厘米，因此我将 1 米重命名为 100 厘米，以形成 114 厘米。

例题学生B答案：

+37 厘米　+23 米　+14 厘米

8 米 63 厘米 → 9 米 → 32 米 → 32 米 14 厘米

37 厘米 + 23 米 + 14 厘米 = 23 米 51 厘米

使用箭头的方式，我将从 8 米 63 厘米累加到 32 米 14 厘米。这几乎就像一个数线！

c. 3 千米 742 米 + 9 千米 473 米

例题学生A答案：

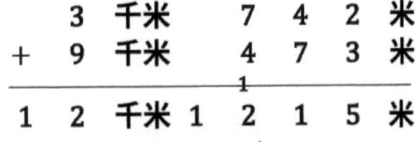

1 千米　215 米

13 千米 215 米

可以使用数字链将 1,215 米重命名为1公里 215 米。

例题学生B答案：

742 米 + 473 米

700　42　300　173

700 米 + 300 米 = 1 千米

42 米 + 173 米 = 215 米

3 千米 + 9 千米 + 1 千米 = 13 千米

13 km 215 米

我拉出 700 米和 300 米达到 1 千米。

我相加剩余的米。

使用带形图为每个习题建模。使用简化策略或算法进行求解，然后将答案写成一个陈述语句。

4. 凯亚的妈妈从工作地点开车开了 4 千米 231 米，来到杂货店。她又从杂货店开车开了一些路程才到家。如果她总共开车开了 8 千米，从她的工作地点到她家有多远？

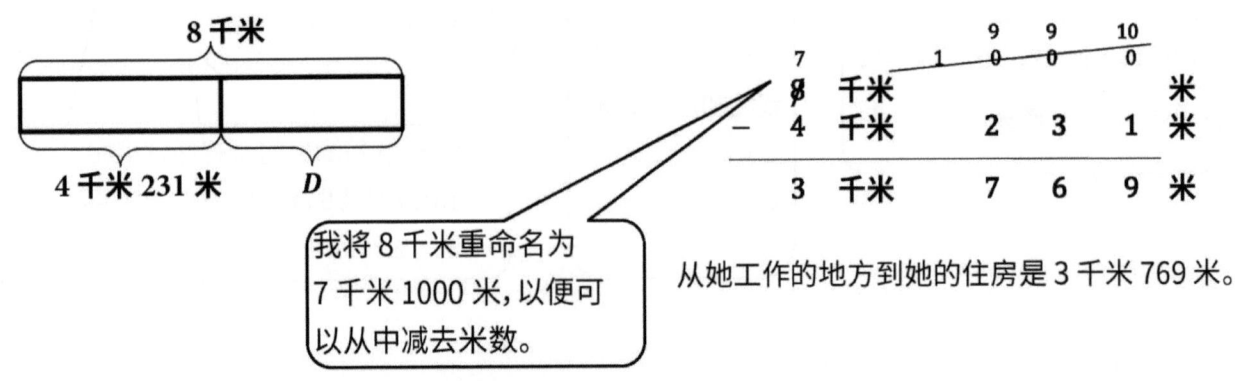

我将 8 千米重命名为 7 千米 1000 米，以便可以从中减去米数。

从她工作的地方到她的住房是 3 千米 769 米。

姓名 _____ 日期 _____

1. 找出当量的测量值。

   a. 5 千米 = _____ 米

   b. 13 千米 = _____ 米

   c. ____ 千米 = _____ 17,000 米

   d. 60 千米 = _____ 米

   e. 7 米 = _____ 厘米

   f. 19 米 = _____ 厘米

   g. ____ 米 = _____ 2,400 厘米

   h. 90 米 = _____ 厘米

2. 找出当量的测量值。

   a. 7 千米 123 米 = _____ 米

   b. 22 千米 22 米 = _____ 米

   c. 875 千米 4 米 = _____ 米

   d. 7 米 45 厘米 = _____ 厘米

   e. 67 米 7 厘米 = _____ 厘米

   f. 204 米 89 厘米 = _____ 厘米

3. 解题。

   a. 2 千米 303 米 - 556 米

   b. 2 米 - 54 厘米

   c. 用较小的单位表示答案：
      338 千米 853 米 + 62 千米 71 米

   d. 用较小的单位表示答案：
      800 米 35 厘米 - 154 米 49 厘米

   e. 701 千米 -- 523 千米 445 米

   f. 231 千米 811 米 + 485 千米 829 米

第 1 课：用较小的单位表示公制长度测量值；建模并解答涉及公制长度的加减法应用题。

使用带形图为每个习题建模。使用简化策略或算法进行求解，然后将答案写成一个陈述语句。

4. 西莉亚的花园长 15 米 24 厘米。她朋友花园的长度比西莉亚的花园长 2 米 98 厘米。她朋友的花园有多长？

5. 西尔维亚早上跑了 3 千米 290 米。然后，她晚上又跑步了。如果她总共跑了 10 千米，西尔维亚晚上跑了多远？

6. 珍妮的冲刺距离比泰勒的短 356 米。泰勒冲刺了 1 千米 3 米的距离。珍妮冲刺了多少米？

7. 电工有 7 米 23 厘米的电线。他在一个接线工程里用了 551 厘米。他还剩下多少厘米的电线？

1. 完成转换表。

质量	
千克	克
3	3,000
5	5,000
7	7,000

> 我知道1千克等于1000克。

2. 转换测量值。

a. 4千克 650克 = __4,650__ 克

b. __51__千克__45__克 = 51,045克

> 在51,945中，有51个一千945个一。
> 1个一千克等于1千克，
> 所以51个一千克945克等于51千克945克。

3. 解题。

a. 7千克 − 860克

> 我组成类似单位。7千克等于7,000克。

7千克 = 7,000克

例题学生A答案：

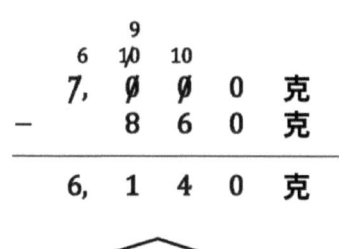

> 我从克中减去克。

例题学生B答案：

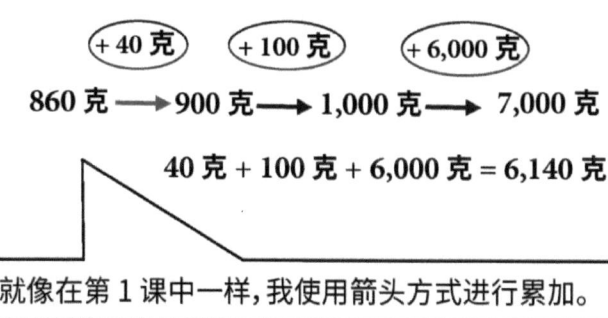

40克 + 100克 + 6,000克 = 6,140克

> 就像在第1课中一样，我使用箭头方式进行累加。

b. 用较小的单位表示答案：23千克 625克 + 526克。

例题学生A答案：

```
   2 3 千克   6 2 5 克
 +             5 2 6 克
 ─────────────────────
             1
   2 3 千克 1 1 5 1 克
```

23千克 = 23,000克

23 000 + 1 151   24 151

> 我相加然后将答案转换为克。

例题学生B答案：

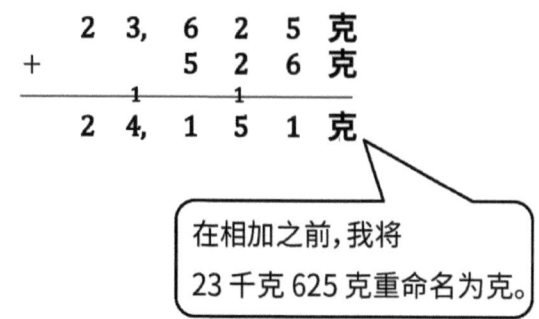

> 在相加之前，我将23千克625克重命名为克。

c. 用混合单位表达答案：18 千克 604 克 - 3,461 克。

$$\begin{array}{r} 1\ 8\ 千克\ \overset{5}{\cancel{0}}\ \overset{10}{\cancel{0}}\ 4\ 克 \\ -\ \ \ 3\ 千克\ \ 4\ 6\ 1\ 克 \\ \hline 1\ 5\ 千克\ \ 1\ 4\ 3\ 克 \end{array}$$

3,461 克 = 3 千克 461 克

在相减之前，我先将克换算成千克。

使用带形图为每个习题建模。使用简化策略或算法进行求解，然后将答案写成一个陈述语句。

4. 一箱西瓜重 18 千克 685 克。另一箱西瓜重 17 千克 435 克。它们的总重量是多少？

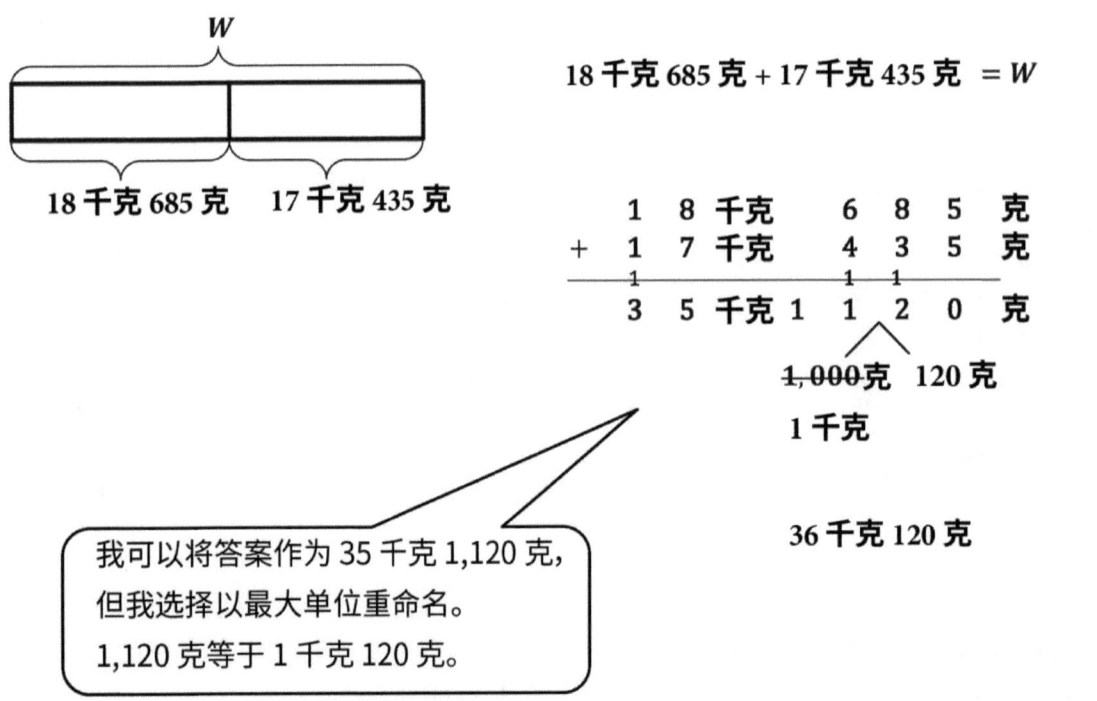

18 千克 685 克 + 17 千克 435 克 = W

我可以将答案作为 35 千克 1,120 克，但我选择以最大单位重命名。1,120 克等于 1 千克 120 克。

西瓜包装箱的总重量为 36 千克 120 克。

姓名 _____   日期 _____

1. 完成转换表。

质量	
千克	克
1	1,000
6	
	8,000
15	
	24,000
550	

2. 转换测量值。

   a. 2 千克 700 克 = _____ 克

   b. 5 千克 945 克 = _____ 克

   c. 29 千克 58 克 = _____ 克

   d. 31 千克 3 克 = _____ 克

   e. 66,597 克 = _____ 千克 _____ 克

   f. 270 千克 41 克 = _____ 克

3. 解题。
   a. 370 克 + 80 克

   b. 5 千克 - 730 克

   c. 用较小的单位表示答案：
      27 千克 547 克 + 694 克

   d. 用较小的单位表示答案：
      16 千克 + 2,800 克

   e. 用混合单位表示答案：
      4 千克 229 克 - 355 克

   f. 用混合单位表示答案：
      70 千克 101 克 - 17 千克 862 克

第 2 课： 用较小的单位表示公制质量测量值；建模并解答涉及公制质量的加减法应用题。

使用带形图为每个习题建模。使用简化策略或算法进行求解，然后将答案写成一个陈述语句。

4. 一个手提箱重 23 千克 696 克。另一个手提箱重 25 千克 528 克。
两个手提箱的总重量是多少？

5. 一袋土豆和一袋洋葱加起来重 11 千克 15 克。如果那袋土豆重 7 千克 300 克，那么那袋洋葱的重量是多少？

6. 右表显示了三只狗的体重。
最重和最轻的狗的体重相差多少？

狗	重量
拉西	21千克249克
莱利	23千克128克
菲多	21,268克

单位的故事　　　　　　　　　　　　　　　　　　　　　　第三课家庭作业助手　4•2

1. 完成转换表。

液体容量	
升	毫升
6	6,000
18	18,000
32	32,000

> 1 升中有 1,000 毫升。第 1 课和第 2 课的换算规则相同。

2. 转换测量值。

a. 26 升 38 毫升　= ___26,038___ 毫升

b. 427,009 毫升　= ___427___ 升 _9_ 毫升

> 我记得在第 1 课和第 2 课中做了换算，只是单位不同。

3. 解题。

a. 用较小的单位表示答案：

32 升 420 毫升 + 685 毫升

```
    3 2, 4 2 0  毫升
  +        6 8 5  毫升
  ─────────────────
    3 3, 1 0 5  毫升
```

> 在相加之前，我将 32 升 420 毫升重命名为毫升，因为答案使用较小的单位。

b. 用混合单位表示答案：

62 升 608 毫升 - 35 升 739 毫升

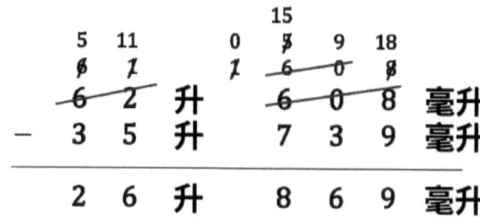

> 我可以减去给定的混合单位，或者可以将单位重命名为最小单位，然后减去，然后重命名为混合单位。

第 3 课：　用较小的单位表示公制容量测量值；建模并解答涉及公制容量的加减法应用题。

姓名 _____ 日期 _____

1. 完成转换表。

液体容量	
升	毫升
1	1,000
8	
27	
	39,000
68	
	102,000

2. 转换测量值。

a. 5 升 850 毫升 = _____ 毫升

b. 29 升 303 毫升 = _____ 毫升

c. 37 升 37 毫升 = _____ 毫升

d. 17 升 2 毫升 = _____ 毫升

e. 13,674 毫升 = _____ 升 _____ 毫升

f. 275,005 毫升 = _____ 升 _____ 毫升

3. 解题。

a. 545 毫升 + 48 毫升

b. 8 升 - 5,740 毫升

c. 用较小的单位表示答案：
27 升 576 毫升 + 784 毫升

d. 用较小的单位表示答案：
27 升 + 3,100 毫升

e. 用混合单位表示答案：
9 升 213 毫升 - 638 毫升

f. 用混合单位表示答案：
41 升 724 毫升 - 28 升 945 毫升

使用带形图为每个习题建模。使用简化策略或算法进行求解，然后将答案写成一个陈述语句。

4. 萨米的水桶可容纳 2530 毫升水。玛丽的水桶可容纳 2 升 30 毫升水。凯蒂的水桶可容纳 2 升 350 毫升水。谁的水桶容纳的水最少？

5. 橄榄球练习中，水壶装有 18 升 530 毫升水。练习结束时，还剩下 795 毫升水。球队喝了多少水？

6. 27,545 毫升汽油已被加入汽车的空油箱中。如果油箱的容量为 56 升 202 毫升，那么加满油箱还需要多少汽油来？

单位的故事　　　　　　　　　　　　　　　　　　　　　　　　　　　第四课家庭作业助手　　4•2

1. 完成表格。

较小的单位	较大的单位	多少倍?
十	千	100

> 我问自己:"一千是什么单位的 100 倍?"我知道1个一千是 100 个十 (1 × 100 个十)。所以,我的较小单位是十。

2. 以文字形式填写未知单位。

125 是 1 ____百____ 25 个一。

> 我问自己:" 125 个一等于更大单位的 1 和 25 个一吗?"

125 厘米是 1 ____米____ 25 厘米.

> 单位是厘米。我可以组成一个更大的单位。100 厘米等于1米。因此,
> 1 米 25 厘米等于 125 厘米。

3. 写出未知数字。

___142,728___ 是 142 个一千 728 个一。

> 我可以将 142 个一千 728 分解为较小的单位。142 个一千和 142,000 个一相同。因此,142 个一千 728 个一是 142,728。

___142,728___ 毫升是 142 升 728 毫升。

> 我知道 1 升等于 1000 毫升。因此,
> 142 升等于 142,000 毫升,
> 而 142 升 728 毫升等于 142,728 毫升。

4. 使用 > 、< 或 = 填空。

740,259 毫升　(>)　74升249 毫升

> 74 升 249 毫升与 74,249 毫升相同。
> 74 个一万大于7个一万。

第 4 课：　　了解度量标准单位,并将其与位置值单位相关联,以使用不同的单位表达测量值。　　107

5. 米卡尔的背包重 4,289 克。米卡尔比他的背包重 17 千克 989 克。米卡尔和他的背包一共有多重？

1 千克 = 1,000 克

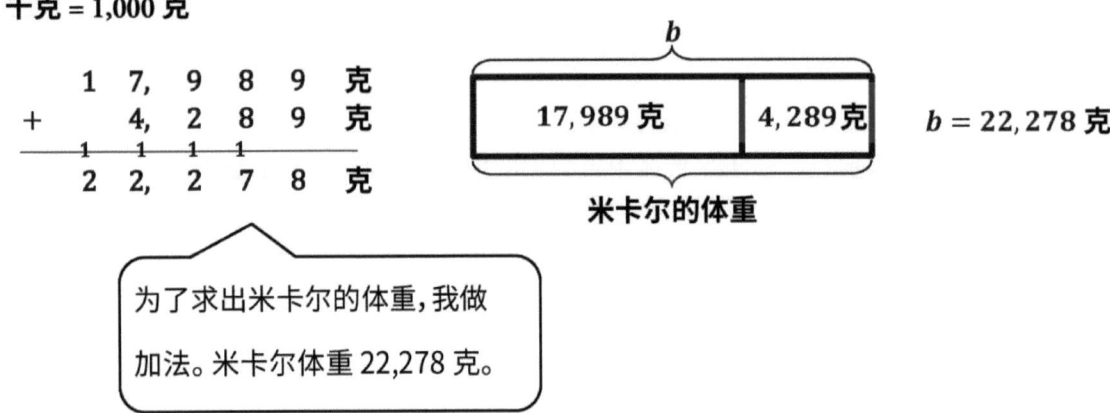

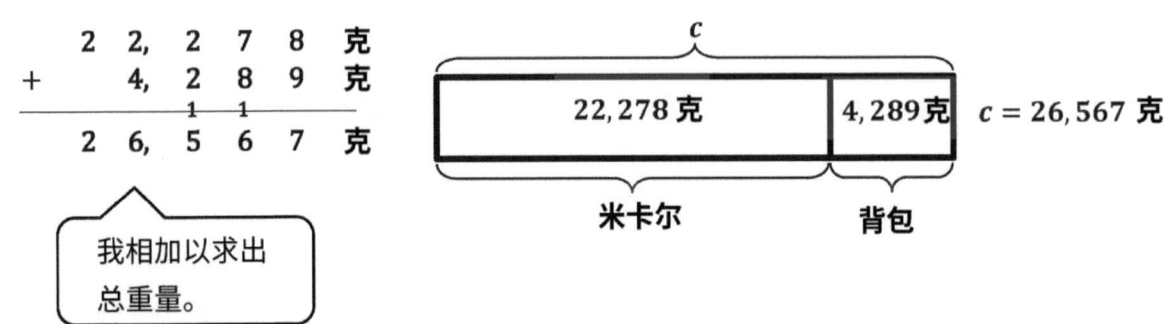

米卡尔和他的背包合计重 26,567 克或 26 千克 567 克。

6. 将以下测量值放在数轴上：

1 千克 282 克　　2,089 克　　2 千克 92 克　　3,219 克　　100 克

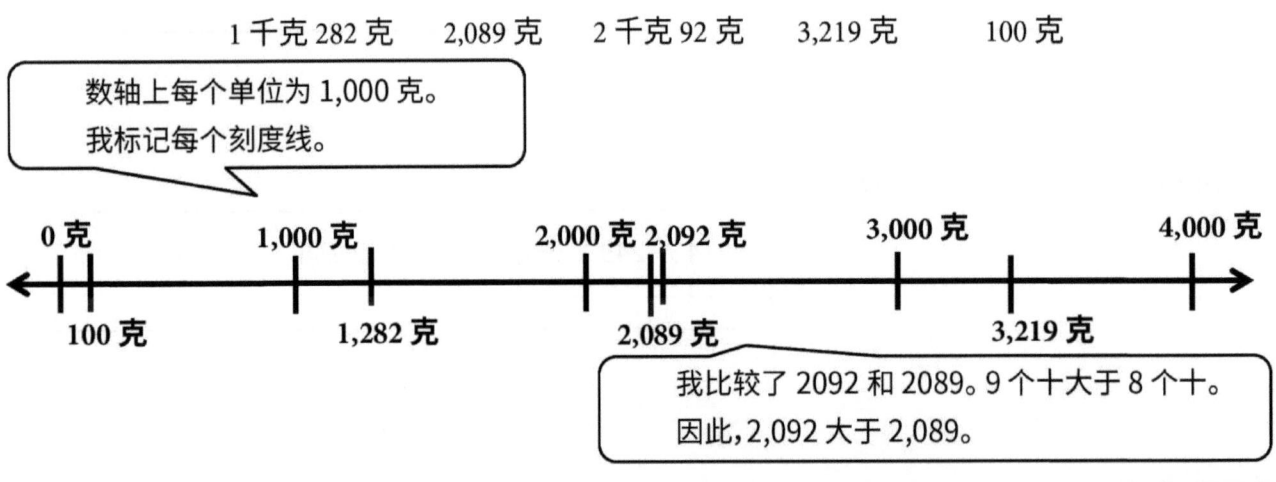

姓名 _____ 日期 _____

1. 完成表格。

更小的单位	更大的单位	多少倍?
厘米	米	100
	百	100
米	千米	
克		1,000
一		1,000
毫升		1,000
一	十万	

2. 以文字形式填写未知单位。

   a. 135 是 1 个 _____ 35 个一   b. 135 厘米是 1 _____ 35 厘米

   c. 1,215 是 1 个 _____ 215 个一   d. 1,215 米是 1 _____ 215 米

   e. 12,350 是 12 个 _____ 350 个一   f. 12,350 克是 12 千克 350 _____

3. 写出未知数字。

   a. _____ 是 125 个千 312 个一。   b. _____ 毫升 是 125 升 312 毫升。

4. 使用 >、< 或 = 填空。

   a. 890,353 毫升 ◯ 89 升 353 毫升

   b. 2 千米 13 米 ◯ 2,103 米

5. 布兰登的背包重 3140 克。布兰登比他的背包重 22 千克 610 克。如果布兰登背着背包站在秤上，那么重量将显示为多少？

6. 将以下测量值放在数线上：

   3 千米 275 米   3,500 米   3 千米 5 米   394,000 厘米

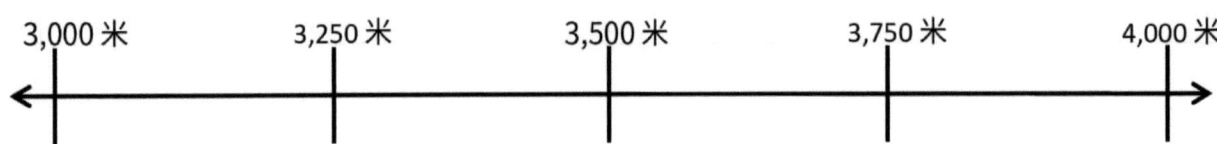

7. 将以下测量值放在数线上：

   1 千克 379 克   3079 克   2 千克 79 克   3,579 克   579 克

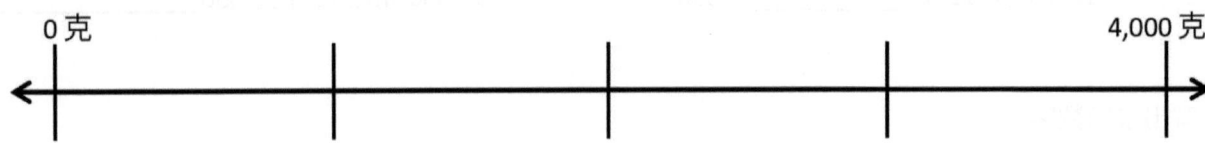

1. 大卫重 46 千克 89 克。亚当比大卫轻 3,741 克。约瑟夫比亚当轻 2,801 克。约瑟夫重多少？

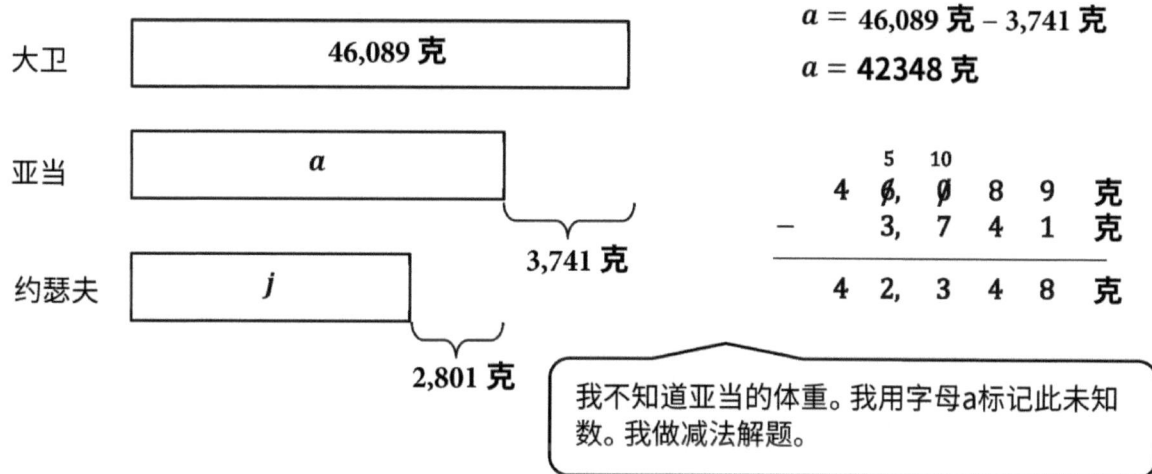

$j = 42,348$ 克 $- 2,801$ 克

$j = 39,547$ 克

约瑟夫体重39547克。

2. 盒子A重 30 千克 490 克。盒子 B 比盒子 A 轻 6,790 克。盒子 C 比盒子 B 重 13 千克 757 克。盒子 C 和盒子 A 相差多少克？

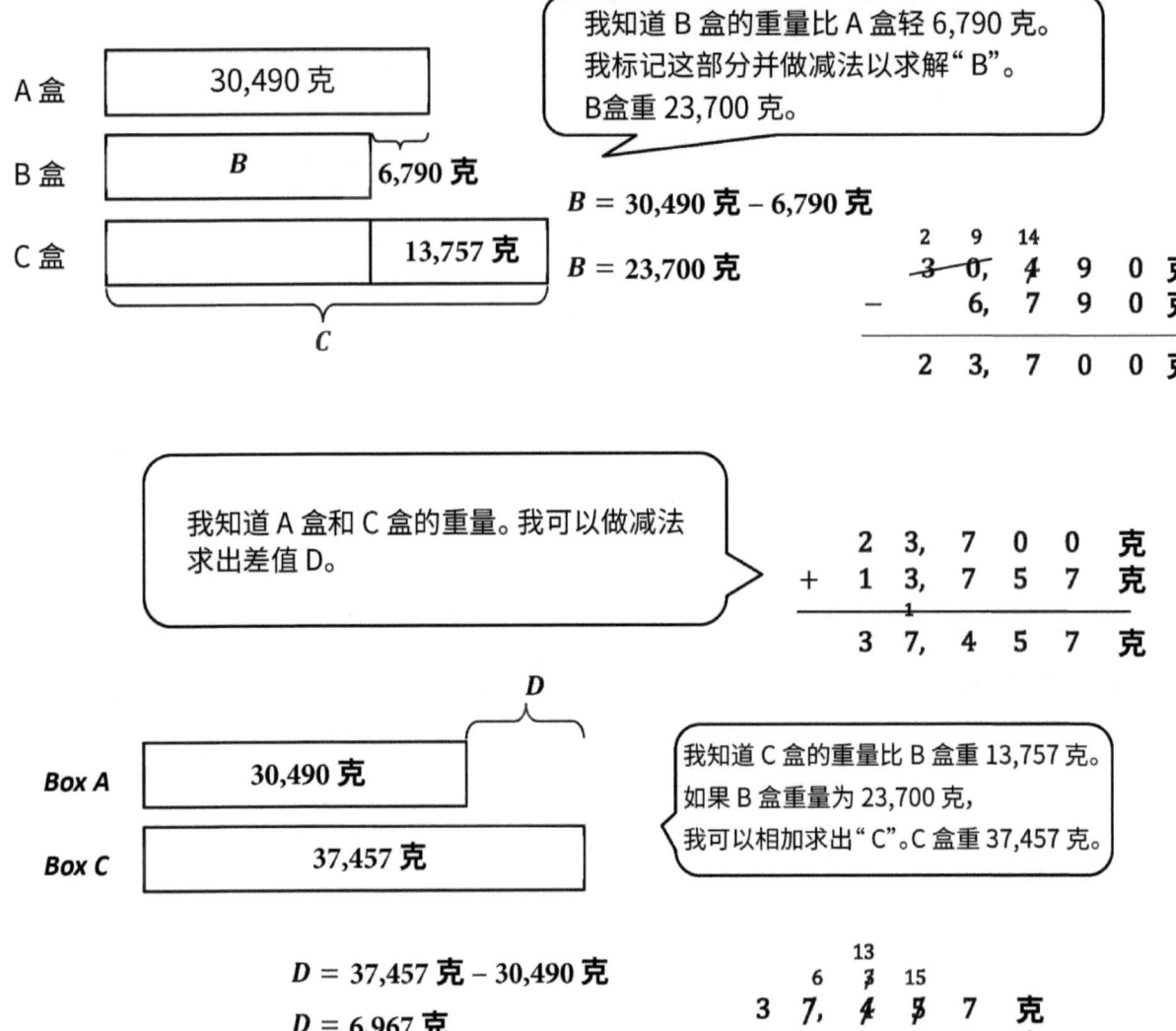

C 盒和 A 盒的重量差为 6,967 克。

姓名 _____ 日期 _____

用带形图为每个问题建模。用陈述语句解答。

1. 约瑟的花瓶容量为 2419 毫升水。他向空花瓶倒了 1 升 299 毫升水。然后,他又加了 398 毫升。花瓶还能装多少水?

2. 埃里克星期一骑行了 1 千米 125 米。星期二,他比星期一少骑了 375 米。他这两天一共骑行了多远?

3. 扎卡里重 37 千克 95 克。加布比扎卡里轻 4,650 克。哈里比加布轻 2,905 克。哈利的体重是多少?

4. 史宾格犬的体重是 20 千克 490 克。可卡犬比史宾格犬轻 7,590 克。纽芬兰犬比可卡犬重 52 千克 656 克。纽芬兰犬和史宾格犬的体重相差多少克？

5. 玛莎有三块地毯。第一块地毯长 2 米 87 厘米。第二块地毯比第一块短 98 厘米。第三块地毯比第二块长 111 厘米。第一块地毯和第三块地毯的长度相差多少厘米？

6. 第一个桶装有 60 升 868 毫升的树液。第二个桶比第一个桶多装了 20,089 毫升树液。第三个桶装的树液比第二个桶少 40 升 82 毫升。如果把三个桶的汁液倒进一个更大的容器，总共会有多少汁液？

四年级

模块3

第三四

民次郎

1. 确定矩形A和B的周长和面积。

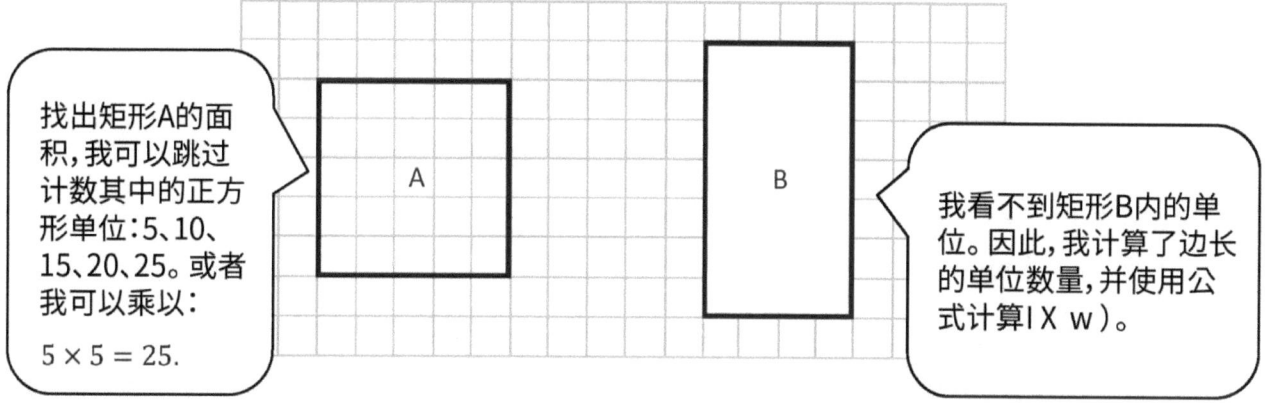

   a. $A =$ __25个 平方单位__ $A =$ __28个 平方单位__

   b. $P =$ __20个单位__ $P =$ __22个单位__

   我可以对周长使用公式,例如 $P = 2 \times (l + w)$,$P = l + w + l + w$,或 $P = 2l + 2w$。

2. 已知矩形的面积,求出未知的边长。

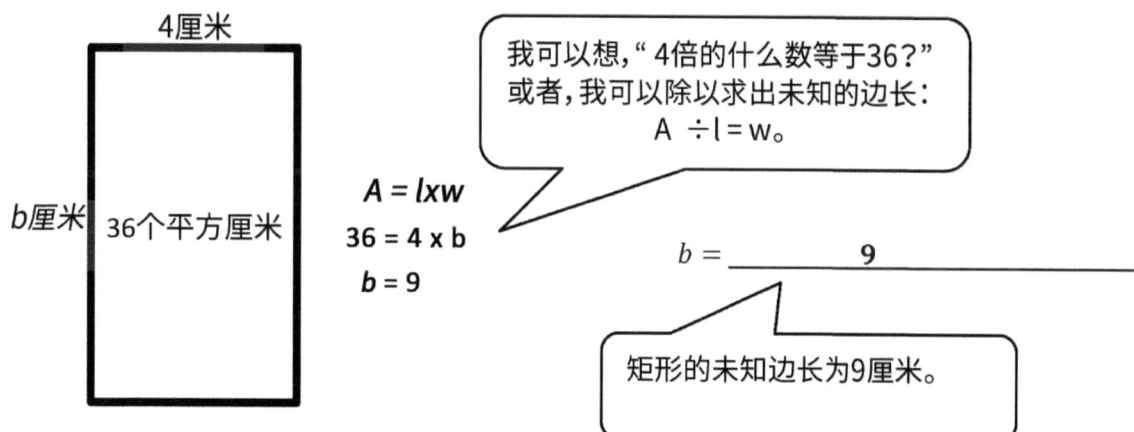

我可以想,"4倍的什么数等于36?" 或者,我可以除以求出未知的边长: $A \div l = w$。

$A = l \times w$
$36 = 4 \times b$
$b = 9$

$b =$ __9__

矩形的未知边长为9厘米。

第一课: 研究并使用矩形面积和周长公式。

3. 此矩形的周长为 250 厘米。求出该矩形的未知边长。

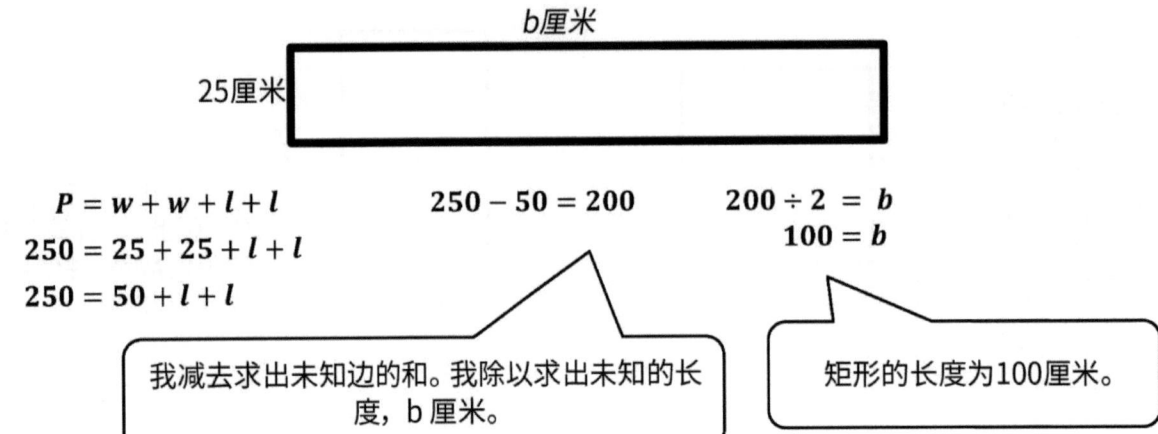

4. 以下矩形具有整数边长。已知面积和周长，求出长度和宽度。

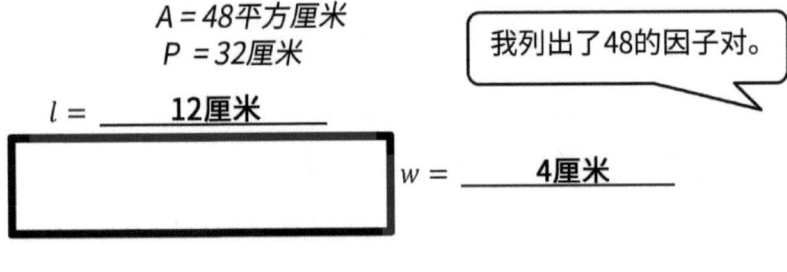

尺寸为 *48平方厘米的长方形*

宽度	长度
1厘米	48厘米
2厘米	24厘米
3厘米	16厘米
4厘米	12厘米
6厘米	8厘米

我尝试使用不同的因数作为边长，因为我使用公式求解了 32厘米的周长：$P = 2L + 2W$。

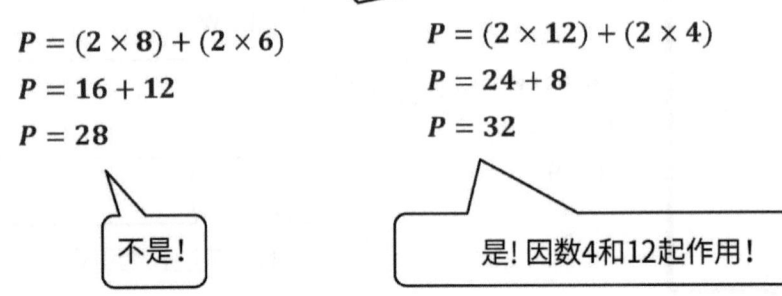

单位的故事　　　　　　　　第一课家庭作业　4•3

姓名 _____　日期 _____

1. 确定矩形A和B的周长和面积。

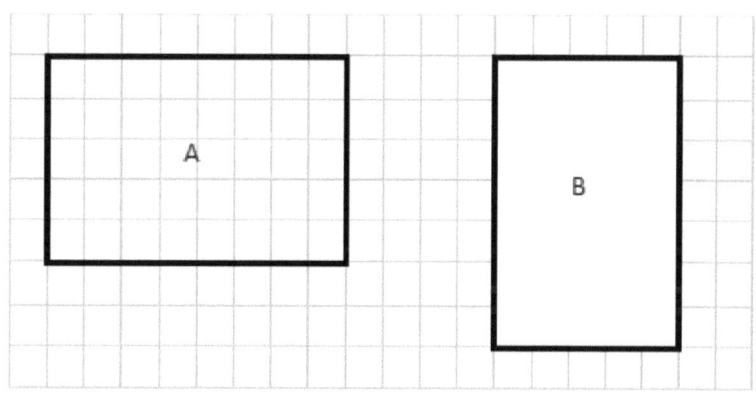

    a.　A = _____　　　　　　　　　A = _____

    b.　P = _____　　　　　　　　　P = _____

2. 确定每个矩形的周长和面积。

    a.

7厘米
3厘米

P = _____

A = _____

    b.

4厘米
9厘米

P = _____

A = _____

第一课：　　研究并使用矩形面积和周长公式。

119

3. 确定每个矩形的周长。

a.
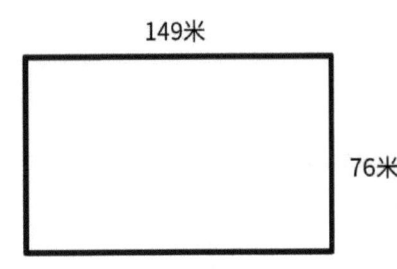

P = _____

b.
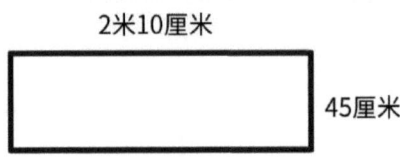

P = _____

4. 已知矩形的面积，求出未知的边长。

a.
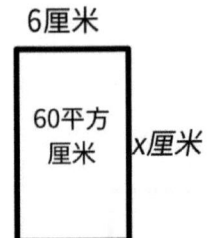

x = _____

b.
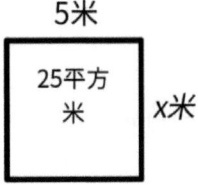

x = _____

5. 已知矩形的周长，求出未知的边长。

   a. P = 180厘米

   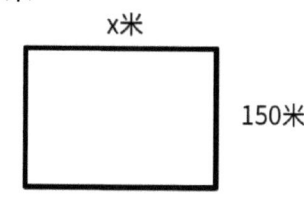

   x = _____

   b. P = 1,000米

   x = _____

6. 以下每个矩形都有整数边长。已知面积和周长，求出长度和宽度。

   a. A = 32平方厘米
       P = 24厘米

       l = _____
       w = _____

   b. A = 36平方米
       P = 30米

   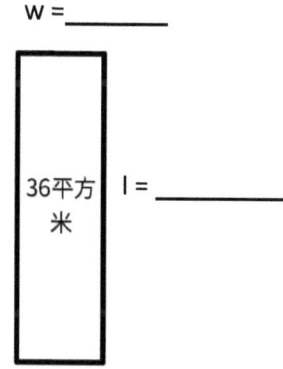

       w = _____
       l = _____

1. 矩形池是 2 英尺宽。它的长度宽度的 4 倍。

   a. 用池的尺寸标记该图。

   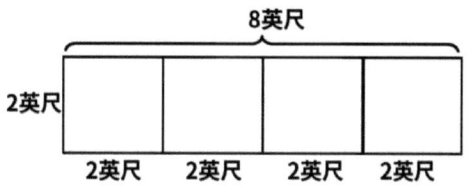

   b. 求出游泳池的周长。

   $P = 2 \times (l + w)$
   $P = 2 \times (8 + 2)$
   $P = 2 \times 10$
   $P = 20$

   我选择利用我在第一课中学到的一个公式来求周长。

   游泳池的周长是 20 英尺。

2. 布雷特卧室的地毯面积是 6 平方英尺。较长边尺寸为 3 英尺。她客厅地毯长度两倍于卧室的地毯。

   a. 绘制并标记布雷特卧室地毯的图表。周长有多长？

   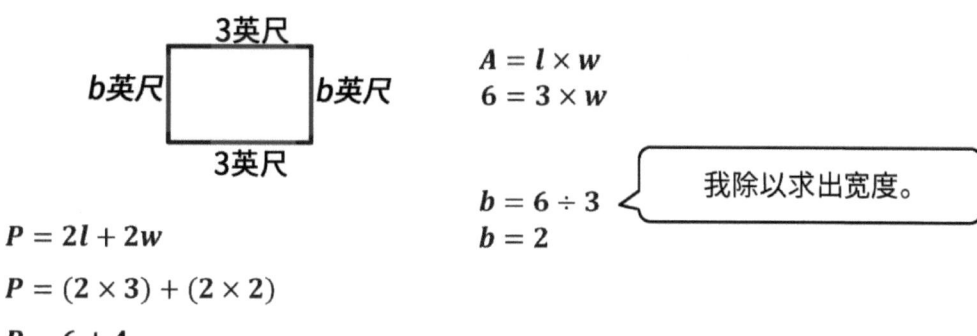

   $P = 2l + 2w$
   $P = (2 \times 3) + (2 \times 2)$
   $P = 6 + 4$
   $P = 10$

   $A = l \times w$
   $6 = 3 \times w$

   $b = 6 \div 3$
   $b = 2$

   我除以求出宽度。

   布雷特卧室地毯的周长为 10 英尺。

第二课： 通过应用面积和周长公式来求解乘法比较文字题。

b. 绘制并标记布雷特客厅地毯的图表。周长有多长?

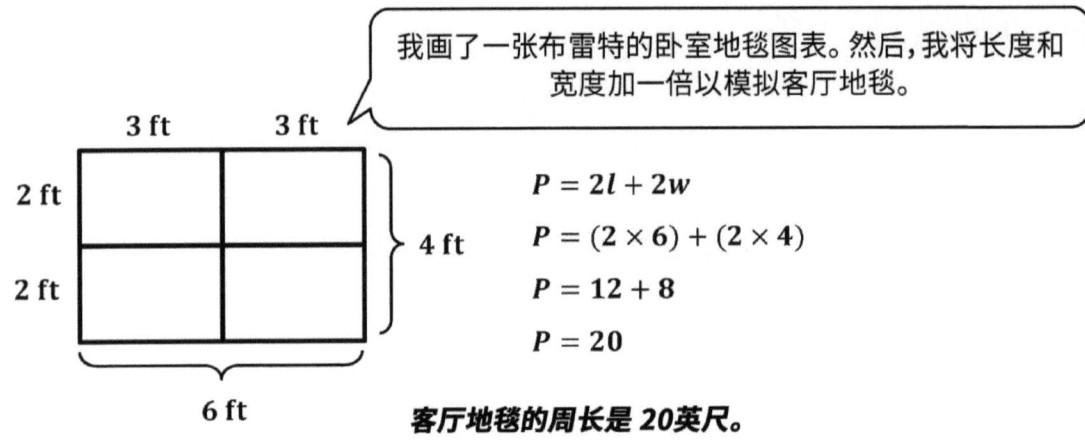

我画了一张布雷特的卧室地毯图表。然后,我将长度和宽度加一倍以模拟客厅地毯。

$P = 2l + 2w$
$P = (2 \times 6) + (2 \times 4)$
$P = 12 + 8$
$P = 20$

客厅地毯的周长是 20 英尺。

c. 这两个周长之间是什么关系?

例题答案:卧室地毯的周长是 10 英尺。客厅地毯的周长是 20 英尺。客厅地毯的周长是卧室地毯的两倍。我知道因为 2 × 10 = 20

我刚刚发现一个模型,又用方程式来证明你我的想法。

d. 求出客厅地毯的面积,使用公式:$A = l \times w$。

$A = l \times w$　　　　　**客厅地毯的面积是 24 平方英尺。**
$A = 6 \times 4$
$A = 24$

e. 客厅地毯的面积是卧室地毯的多少倍?

例题答案:卧室地毯的面积为 6 平方英尺。客厅地毯的面积是 24 平方英尺。4 乘以 6 是 24。客厅地毯的面积是 4 乘以卧室地毯的面积。

f. 比较两个地毯之间周长的变化以及面积的变化。使用文字,图片或数字解释你所注意的问题。

**例题答案:客厅地毯的周长是 2 乘以卧室地毯的周长。
但是,客厅地毯的面积是 是卧室地毯面积的4倍! 我注意到当我们边长各增加一倍时,周长增加一倍,面积增加四倍。**

单位的故事　　　　　　　　　　　　　　　　　　　　　　　第二课家庭作业 4•3

姓名 _____   日期 _____

1. 矩形水池宽7英尺，是宽度的3倍。

   a. 用池的尺寸标记该图表。

   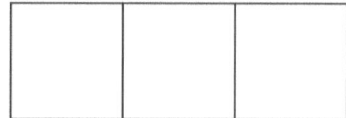

   b. 求出游泳池的周长。

2. 海报长3英寸，宽度是是长度的4倍。

   a. 画一张海报图，并标注其尺寸。

   b. 求出海报的周长和面积。

第二课：　通过应用面积和周长公式来求解乘法比较文字题。

3. 矩形的面积为36平方厘米，边长是9厘米。

   a. 矩形的宽度是多少？

   b. 艾尔莎想绘画第二个矩形，长度相同，但宽度为3倍。绘制并标记艾尔莎的第二个矩形。

   c. 艾尔莎第二个矩形的周长是多少？

4. 内森的卧室地毯面积为15平方英尺。较长的边长5英尺。他客厅地毯的长度是卧室地毯的两倍，宽度宽度是卧室地毯的两倍。

   a. 绘制并标记内森卧室地毯的图表。周长有多长？

   b. 绘制并标记图内森客厅地毯的图表。周长有多长？

   c. 两个周长之间的关系是什么？

   d. 求出客厅地毯的面积。使用公式：$A = l \times w$。

e. 客厅地毯的面积是卧室地毯的多少倍?

f. 比较两个地毯之间周长差数变化以及面积的差数。使用文字,图片或数字解释你发现什么问题。

单位的故事 第三课家庭作业助手 4•3

求解以下习题。使用图片，数字或文字来说明你你怎么解题。

日历长度是名片的2倍，宽度是名片的3倍。名片是 2 英寸长，1英寸宽。日历的周长是多少？

1.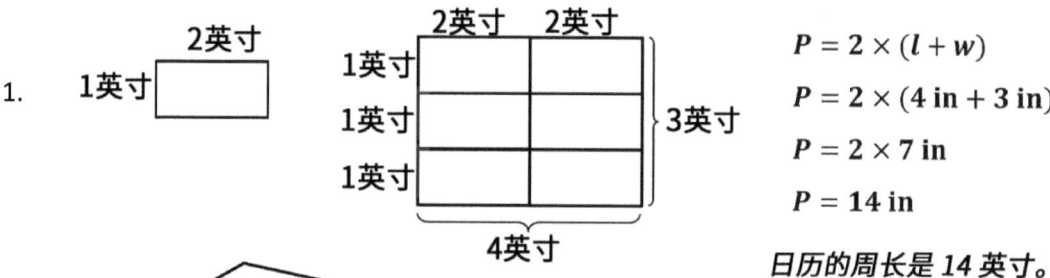

$P = 2 \times (l + w)$
$P = 2 \times (4 \text{ in} + 3 \text{ in})$
$P = 2 \times 7 \text{ in}$
$P = 14 \text{ in}$

日历的周长是 14 英寸。

> 我绘制了一张宽度为卡(3英寸)宽度3倍的图表。我将长度标记为等于卡的宽度(4英寸)的两倍。

矩形A的面积为64平方厘米。矩形A的平方厘米是矩形B的8倍。如果矩形B的宽度为4厘米，那么矩形B的长度是多少？

> 有很多解题方法！

2.

64平方厘米
矩形A

1个单位= B平方厘米
8个单位 = 64平方厘米

$64 \div 8 = B$
$B = 8$

> 矩形B的面积为8平方厘米。

l
8平方厘米   4厘米
矩形B

$A = w \times l$
$8 = 4 \times l$
$l = 8 \div 4$
$l = 2$

矩形B的长度为2厘米。

第三课： 通过求解多步骤实际习题来证明对面积和和周长公式的理解。

姓名_____ 日期_____

求解以下习题。使用图片，数字或文字来说明你的解题方法。

1. 凯蒂剪出一块长方形的包装纸，长度是包装盒的2倍，宽度是3倍。盒子长5英寸，宽4英寸。凯蒂剪裁的包装纸周长是多少？

2. 亚历克西斯有一张长方形的红纸，宽4厘米，长度是长度是其宽度的两倍。她在一块3厘米乘7厘米的红色片上粘贴一块矩形的蓝色纸。在顶部可以看到多少平方厘米的红纸？

3. 布林的矩形厨房的面积为81平方英尺。厨房面积是布林储藏室9倍的平方英尺。如果矩形储藏室的宽度为3英尺，那么储藏室的长度是多少？

4. 马歇尔矩形海报的长度是其宽度的2倍。如果周长是24英寸，那么海报的面积是多少？

单位的故事　　　　　　　　　　　　　　　　第四课家庭作业助手　4•3

1. 一下是填空题。

   a. __100__ × 7 = 700　　b. 4 × __1,000__ = 4,000　　c. __50__ = 10 × 5

   > 我问自己："多少个七等于700？"

   > 我用单位形式来求解。如果我给单位命名，那么乘以大数很容易！我知道4÷4 = 1，所以4个一千 4÷4 是1个一千。

绘制位值磁盘和箭头代表每个乘积。

2. 15 × 100 = __1,500__

   15 × 10 × 10 = __1,500__

   （1个十 5 个一）× 100 = __1个一千 5 个一百__

   > 十五是1个十加五个一。我画了一个箭头，以说明乘以10代表1个十，也代表5个一。我再乘以10，就得到一千五百。

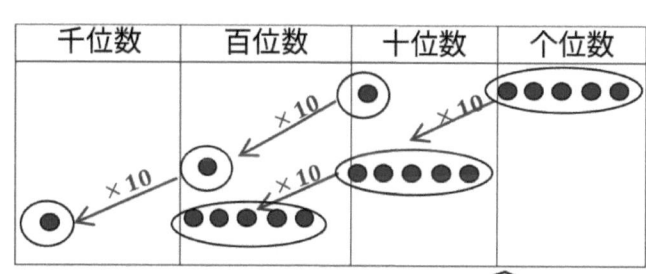

   > 如果我在图表上将数字向左移一位，则该数字将变为其右侧值的10倍。

在乘法之前分解每个 10，100，或 1,000 的倍数。

3. 2 × 300 = 2 × __3__ × __100__

   　　　　= __6__ × __100__

   　　　　= __600__

4. 6 × 7,000 = __6__ × __7__ × __1,000__

   　　　　 = __42__ × __1,000__

   　　　　 = __42,000__

   > 我可以分解300得到一个简单因子来求解！我知道 2×3个一百= 6百。

姓名 _____ 日期 _____

例题：

$5 \times 10 = \underline{50}$

5个一 ×10 = $\underline{5}$ 十位数

千位数	百位数	十位数	个位数

如图所示绘制位值磁盘和箭头代表每个乘积。

1. $7 \times 100 =$ _____

   $7 \times 10 \times 10 =$ _____

   7个一 × 100 = _____

千位数	百位数	十位数	个位数

2. $7 \times 1{,}000 =$ _____

   $7 \times 10 \times 10 \times 10 =$ _____

   7个一 × 1,000 = ____

   _____

千位数	百位数	十位数	个位数

3. 在以下方程式中填空。

   a. $8 \times 10 =$ _____

   b. _____ $\times 8 = 800$

   c. $8{,}000 =$ _____ $\times 1{,}000$

   d. $10 \times 3 =$ _____

   e. $3 \times$ _____ $= 3{,}000$

   f. _____ $\times 3 = 300$

   g. $1{,}000 \times 4 =$ _____

   h. _____ $= 10 \times 4$

   i. $400 =$ _____ $\times 100$

第四课： 当以阵列和以数字乘以10、100和1,000时，解释并表示模式。

单位的故事　　　　　　　　　　　　　　　　　　　　　　　第四课家庭作业　4•3

绘制位值磁盘和箭头代表每个乘积。

4. 15 × 10 = _____

　　（1个十5个一）× 10 = _____

千位数	百位数	十位数	个位数

5. 17 × 100 = _____

　　17 × 10 × 10 = _____

　　（1个十7个一）× 100 = _____

千位数	百位数	十位数	个位数

6. 36 × 1,000 = _____

　　36 × 10 × 10 × 10 = _____

　　（3个十6个一）× 1,000 = _____

万位数	千位数	百位数	十位数	个位数

在相乘之前分解10、100或1000的每个倍数。

7. 2 × 80 = 2 × 8 × _____

　　　　 = 16 × _____

　　　　 = _____

8. 2 × 400 = 2 × _____ × _____

　　　　　= _____ × _____

　　　　　= _____

9. 5 × 5,000 = _____ × _____ × _____

　　　　　　= _____ × _____

　　　　　　= _____

10. 7 × 6,000 = _____ × _____ × _____

　　　　　　 = _____ × _____

　　　　　　 = _____

第四课：　当以阵列和以数字乘以10、100和1,000时，解释并表示模式。

1. $2 \times 4{,}000 = $ __**8,000**__

   __2__ 乘以 __4个一千__ 是 __8个一千__。

   我画了2组4个一千，然后圈出每组。我看到一个模式！2组4个单位是8个单位。

千位数	百位数	十位数	个位数
●●●● ●●●●			

   $$\begin{array}{r} 4{,}000 \\ \times \quad\quad 2 \\ \hline 8{,}000 \end{array}$$

   2 × 4 千 = 8 千

2. 求出乘积。

   当其中一个因数是10的倍数时，以单位形式编写方程式对我有帮助。

a. $4 \times 70 = $ **280** 4 × 7个十 = 28个十	b. $4 \times 60 = $ **240** 4 × 6个十 = 24个十	c. $4 \times 500 = $ **2,000** 4 × 5个一百 = 20个一百	d. $6{,}000 \times 5 = $ **30,000** 6个一千 × 5 = 30个一千

3. 在学校自助餐厅，每个订了午餐的学生可获得 7个 7块鸡肉。自助餐厅的员工准备了 400个 孩子的食品。自助餐厅一共需要准备多少块鸡肉？

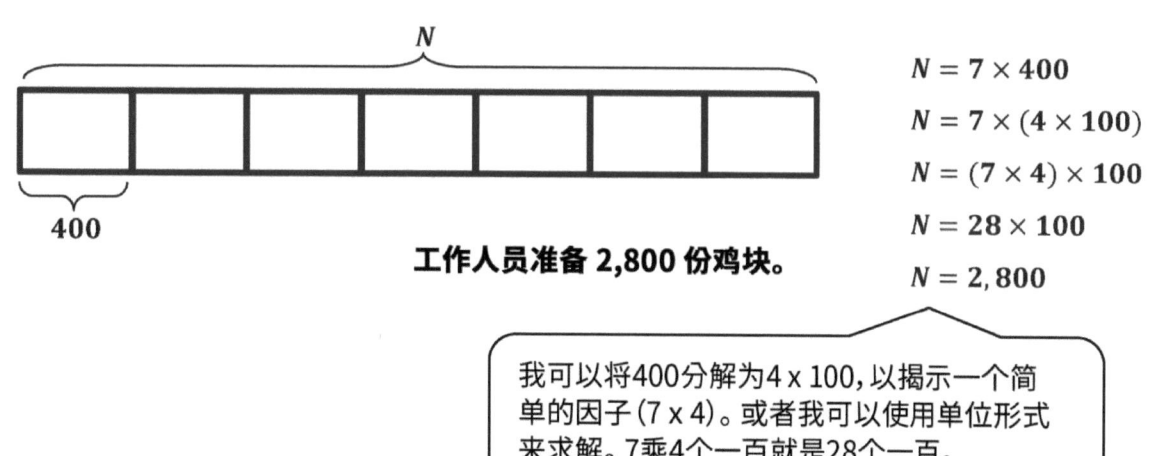

工作人员准备 2,800 份鸡块。

$N = 7 \times 400$
$N = 7 \times (4 \times 100)$
$N = (7 \times 4) \times 100$
$N = 28 \times 100$
$N = 2{,}800$

我可以将400分解为4 × 100，以揭示一个简单的因子(7 × 4)。或者我可以使用单位形式来求解。7乘4个一百就是28个一百。

第五课： 将10、100和1,000的倍数乘以一位数，从而识别出模式。

单位的故事　　　　　　　　　　　　　　　　第五课家庭作业

姓名 _____　　日期 _____

绘制位值值盘来代表 以下 表达式的值。

1. 5 × 2 = _____

   5乘以 _____ 一个一 _____ 是 _____ 个一。

千位数	百位数	十位数	个位数

   　　　2
   × 　　5
   ─────

2. 5 × 20 = _____

   5乘以 _____ 个十是 _____。

千位数	百位数	十位数	个位数

   　　20
   × 　 5
   ─────

3. 5 × 200 = _____

   5乘以 _____ 是 _____。

千位数	百位数	十位数	个位数

   　 200
   × 　 5
   ─────

4. 5 × 2,000 = _____

   ____ 乘以 _____ 是 _____。

千位数	百位数	十位数	个位数

   　2000
   × 　 5
   ─────

第五课：　将10、100和1,000的倍数乘以一位数，从而识别出模式。

5. 求出乘积。

a. 20 × 9	b. 6 × 70	c. 7 × 700	d. 3 × 900
e. 9 × 90	f. 40 × 7	g. 600 × 6	h. 8 × 6,000
i. 5 × 70	j. 5 × 80	k. 5 × 200	l. 6,000 × 5

6. 在学校自助餐厅，每个订了午餐的学生可获得6块鸡肉。自助餐厅的员工准备了300个孩子的食品。自助餐厅一共需要准备多少块鸡肉？

7. 杰琳的贴纸是她哥哥的30倍。她的哥哥有8张贴纸。杰琳有多少贴纸?

8. 这家花店的一台冷藏柜中的鲜花是茱莉亚花束中的40倍。冷藏柜有120朵花。茱莉亚花束有多少鲜花?

在位值图表中绘制磁盘表示以下习题。

1. 求解 30 × 40，思考：

    (3个十 × 4) × 10 = __1,200__

    30 × (4 × 10) = __1,200__

    30 × 40 = __1,200__

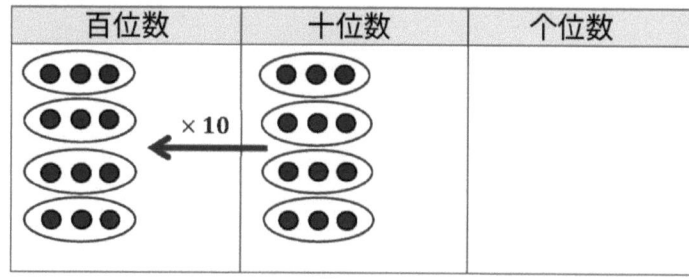

我画4组的3个十乘以10。

2. 绘制面积模型表示 30 × 40

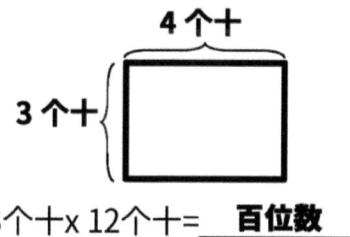

3个十 x 12个十 = __百位数__

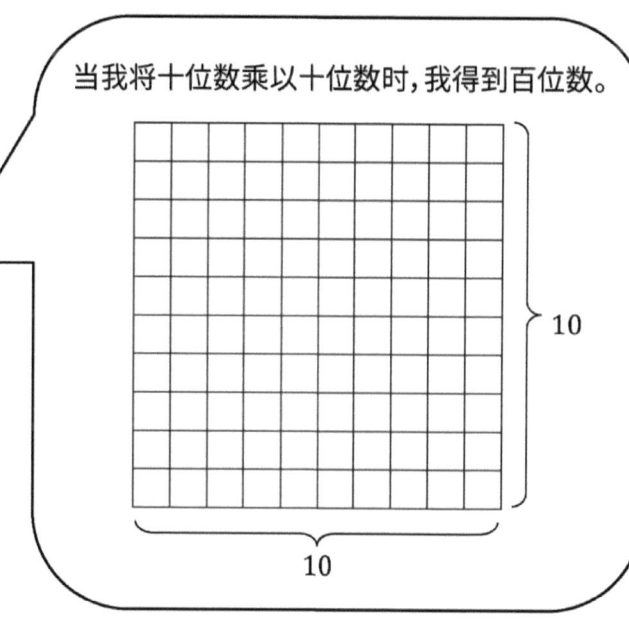

当我将十位数乘以十位数时，我得到百位数。

用单位形式重写每个方程并求解。

3. 80 × 60 = __4,800__

   __8__ __个十__ × __6__ __个十__ = __48__ 个一百

4. 一个箱子可以装70个鸡蛋。如果一个板条箱有 70 个纸箱，一个板条箱有多少鸡蛋？

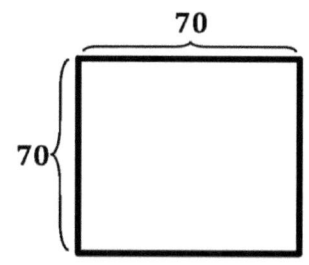

7 个十 x 7 个十 = 49 个一百

70 × 70 = 4,900

一箱有 4,900 个鸡蛋。

姓名 _____ 日期 _____

在位值图表绘制 磁盘表示以下习题。

1. 求解30 × 60, 思考

   (3个十 × 6) × 10 = _____

   30 × (6 × 10) = _____

   30 × 60 = _____

百位数	十位数	个位数

2. 绘制一个面积模型代表30 × 60。

   3个十 × 6个十 = _____ _____

3. 画一个面积模型来代表20 × 20

   2个十 × 2个十 = _____ _____

   20 × 20 = _____

第六课：　用面积模型将10的两位数倍数乘以10的两位数倍数。

4. 画一个模型来代表40x60的面积 40 × 60

4个十 × 6个十 = _____ _____

40 × 60 = _____

用单位形式重写每个方程并求解。

5. 50 × 20 = _____

   5个十 × 2个十 = _____ 个一百

6. 30 × 50 = _____

   3个十 × 5 _____ = _____ 个一百

7. 60 × 20 = _____

   _____ 个十 × _____ 个十 = 12 _____

8. 40 × 70 = _____

   ___ _____ × ___ _____ = _____ 个一百

9. 一分钟有 60秒，一个小时有60分钟。一个小时一共多少秒？

10. 要打印漫画书，需要50张纸。需要多少张纸打印40本漫画书？

第六课： 用面积模型将10的两位数倍数乘以10的两位数倍数。

1. 使用磁盘表示以下表达式，并根据需要重新分组。在右侧，垂直记录部分乘积。

4 × 35

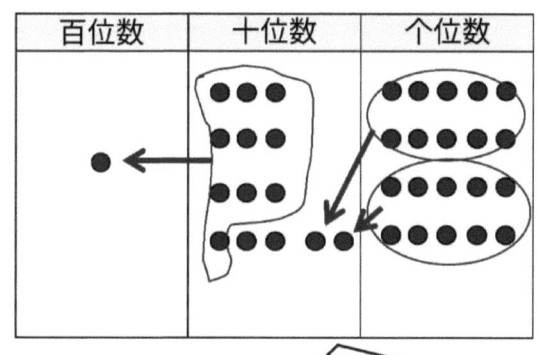

我画4组，每组3个十5个一。
4乘5个一等于20个一。
我组成20个一得到2个十。
4乘以3个十等于12个十。
我组成10个十得到1个一百。

```
    3 5
  ×   4
  -----
    2 0   → 4 × 5 个一
+ 1 2 0   → 4 × 3 个十
  -----
  1 4 0
```

乘以个位数后，我记录乘积。我乘以十位数并记录乘积。我相加这两个部分乘积。我的和是 35 × 4 的乘积。

2. 吉利安说她发现了做乘法习题的快捷方式。当她乘以 3 × 45，她说，"3 × 5 是 15 个一，或1个十和 5 个请写下你的想法，所以加起来，你得到 5 个十和 5 个一。你认为吉利安的快捷方式有效吗？使用语言说明你的思考，并使用模型或部分乘积来证明你的答案。

例题答案：

吉利安乘以一位数。她发现了第一个部分乘积。但是她并没有乘以十位数。她忘了用 4 个十乘以 3。因此，吉莉安没有获得正确的第二个部分乘积。因此，她的最终乘积不正确。乘积 3 × 45 是 135。

```
    4 5
  ×   3
  -----
    1 5   → 3 × 5 个一
+ 1 2 0   → 3 × 4 个十
  -----
  1 3 5
```

姓名 _____ 日期 _____

1. 使用磁盘表示以下表达式，必要时重新组合，编写匹配的表达式，并垂直记录部分乘积。

   a. 3 × 24

十位数	个位数

   b. 3 × 42

百位数	十位数	个位数

   c. 4 × 34

百位数	十位数	个位数

2. 使用磁盘代表以下表达式，如有必要重新分组。在右侧，垂直记录部分乘积。

   a. 4 × 27

百位数	十位数	个位数

   b. 5 × 42

百位数	十位数	个位数

3. 辛迪说她发现了做乘法习题的快捷方式。她乘以3 × 24的时候说，"3 × 4是12个一，或1个十和2请写下你的想法潆十，所以加起来，你得到3个十和2个一。"你认为辛迪的快捷方式有效吗？使用语言说明你的思考，并使用模型或部分乘积来证明你的答案。

单位的故事

使用我们学到的任何方法,用磁盘表示以下内容,并根据需要 重新分组。在位值图表下方,垂直记录部分乘积。

1. 5×731

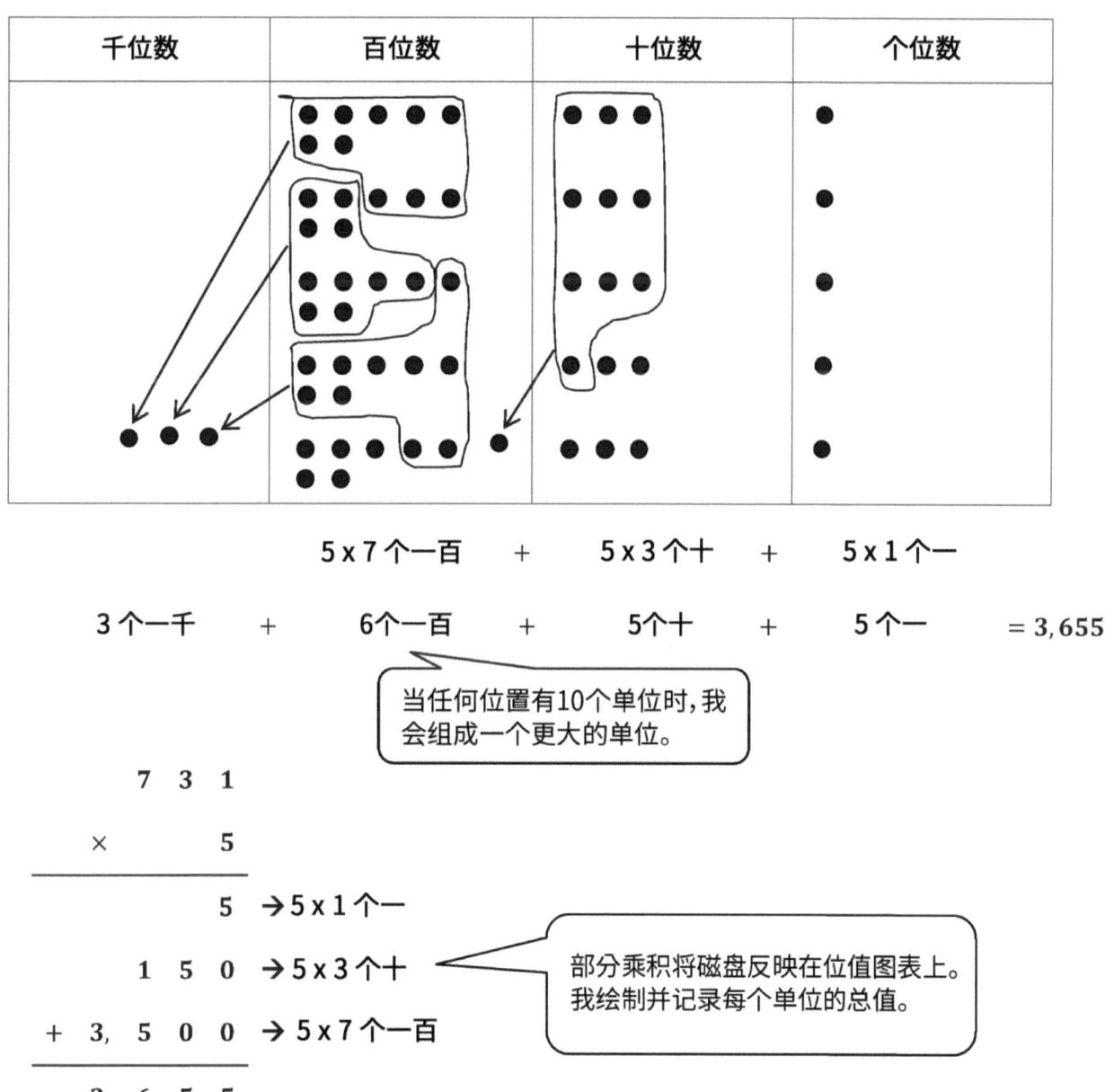

|千位数|百位数|十位数|个位数|

5×7 个一百 + 5×3 个十 + 5×1 个一

3 个一千 + 6 个一百 + 5 个十 + 5 个一 = 3,655

当任何位置有10个单位时,我会组成一个更大的单位。

```
      7 3 1
  ×       5
  ─────────
          5    → 5 × 1 个一
      1 5 0    → 5 × 3 个十
  + 3, 5 0 0    → 5 × 7 个一百
  ─────────
    3, 6 5 5
```

部分乘积将磁盘反映在位值图表上。我绘制并记录每个单位的总值。

第八课: 扩展位值磁盘的使用,以表示三位数和四位数乘以一位数的乘法。

2. 珍妮丝沿街区骑自行车。街区是长方形，宽度为172米，长度为230米。

   a. 确定珍妮丝骑多少米自行车，如果珍妮丝围绕街区骑行一次。

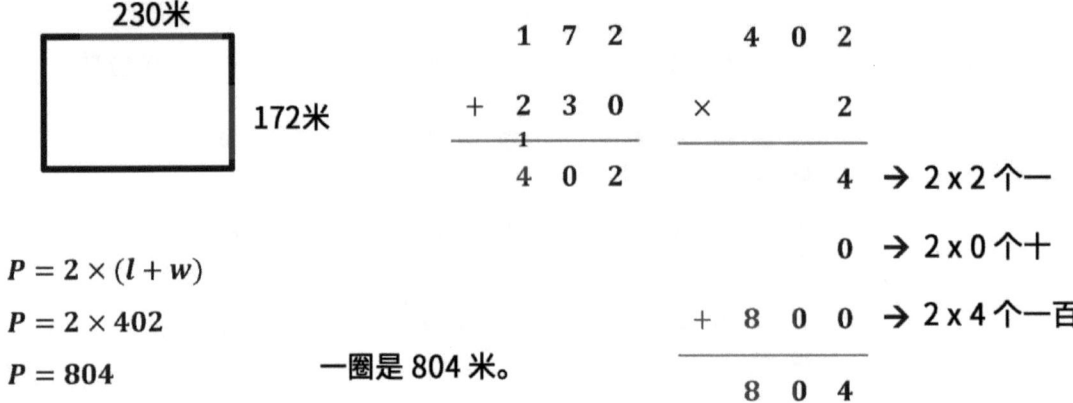

一圈是 804 米。

   b. 确定珍妮丝绕街区三圈要骑多少米。

$$\begin{array}{r} 804 \\ \times 3 \\ \hline 12 \\ 0 \\ +\,2{,}400 \\ \hline 2{,}412 \end{array}$$

→ 3 × 4 个一
→ 3 × 0 个十
→ 3 × 8 个一百

珍妮丝骑了2412米。

姓名 _____ 日期 _____

1. 使用磁盘表示以下表达式，如有必要重新分组，写下匹配的表达式，并按如下所示垂直记录部分乘积。

   a. 2×424

百位数	十位数	个位数
●●●●	●●	●●●●

   ```
        4  2  4
   ×          2
   _____
   ```
   → $2 \times$ ___ 个位数
   → $2 \times$ ___ ____
   + _____ → ___ × ___ _____

   $2 \times$ ___ _____ + $2 \times$ ___ _____ + $2 \times$ ___ 个一

   b. 3×424

百位数	十位数	个位数

   c. $4 \times 1,424$

单位的故事　　　　　　　　　　　　　　　　　　　　　　　　第八课家庭作业 4•3

2. 请使用我们学过的任何方法，用磁盘表示以下表达式，并根据需要重新分组。在右侧，垂直记录部分乘积。

   a. 2×617

   b. 5×642

   c. $3 \times 3{,}034$

3. 每天，佩内洛普围绕运动场慢跑三圈以保持体型。运动场是矩形的，宽度为163米，长度为320米。

   a. 求出一圈的总米数。

   b. 确定佩内洛普三圈慢跑多少米。

1. 使用每种方法求解。

> 无论选择哪种方法，我都会得到相同的乘积。

部分乘积	标准算法
$\begin{array}{r} 215 \\ \times\ \ \ \ 4 \\ \hline 20 \\ 40 \\ +\ 800 \\ \hline 860 \end{array}$	$\begin{array}{r} 2\ 1\ 5 \\ \times\ \ \ \ \ 4 \\ \hline 8\ 6\ 0 \end{array}$

> 当我使用部分乘积法时，我会设想在位值图表上使用磁盘进行解题。我将每个部分乘积记录在单独的行上。

> 当使用标准算法时，我将乘积全部记录在一行上。

> 4乘5个一等于20个一或2个十0个一。我在十位数的线上记录2个十，在个位数记录0个一。

2. 使用标准算法求解。

a. $\begin{array}{r} 2\ 0\ 5 \\ \times\ \ \ \ \ 9 \\ \hline 1,8\ 4\ 5 \end{array}$

b. $\begin{array}{r} 4\ 9\ 1 \\ \times\ \ \ \ \ 7 \\ \hline 3,4\ 3\ 7 \end{array}$

> 使用标准算法时，我先将个位数相乘。

> 7乘4个一百就是28个一百。我加了6个一百，并记录34个一百。添加完后我会剔除6个一百。

3. 一家航空公司票价是 $249。4张票价多少钱？

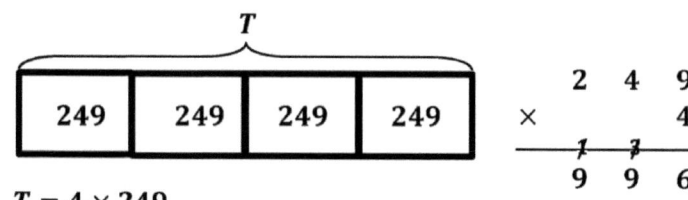

$T = 4 \times 249$

$T = 996$

买四张票要花996美元。

> 我将36个一记录为3个十6个一。我先写3，然后写6。很容易看到36，因为3写在了行上。

第九课： 应用标准算法，将三位数和四位数乘以一位数。

单位的故事　　　　　　　　　　　　　　　　　　　　　　　第九课家庭作业　4•3

姓名 _____　　日期 _____

1. 使用每种方法求解。

部分乘积	标准算法
a.　　　4 6　　　× 　2	4 6　　　× 　2

部分乘积	标准算法
b.　　3 1 5　　× 　　4	3 1 5　　× 　　4

2. 使用标准算法求解。

a.　　　2 3 2　　× 　　　4

b.　　　1 4 2　　× 　　　6

c.　　　3 1 4　　× 　　　7

d.　　　4 4 0　　× 　　　3

e.　　　5 0 7　　× 　　　8

f.　　　3 8 4　　× 　　　9

第九课：　应用标准算法，将三位数和四位数乘以一位数。

3. 8和54的乘积是多少？

4. 伊莎贝尔在玩爆破机器人时获得350点。伊萨贝尔的妈妈的积分是伊莎贝尔的3倍。伊莎贝尔的妈妈积方多少点？

5. 为了赚钱去旅行，社团中有9名学生。社团需要筹集多少钱才能去旅行？

6. 梅耶斯老师想给他的班买4部平板电脑。每个平板电脑的价格为329美元。买四部平板电脑一共需要多少钱？

7. 阿玛雅上周读了64页书。阿玛雅的哥哥罗戈里奥在同样的的时间内阅读了两倍的页数。他们的大姐埃莉安娜在读高中，其阅读量是罗戈里奥的4倍。埃莉安娜上周读了几页？

1. 使用标准算法求解。

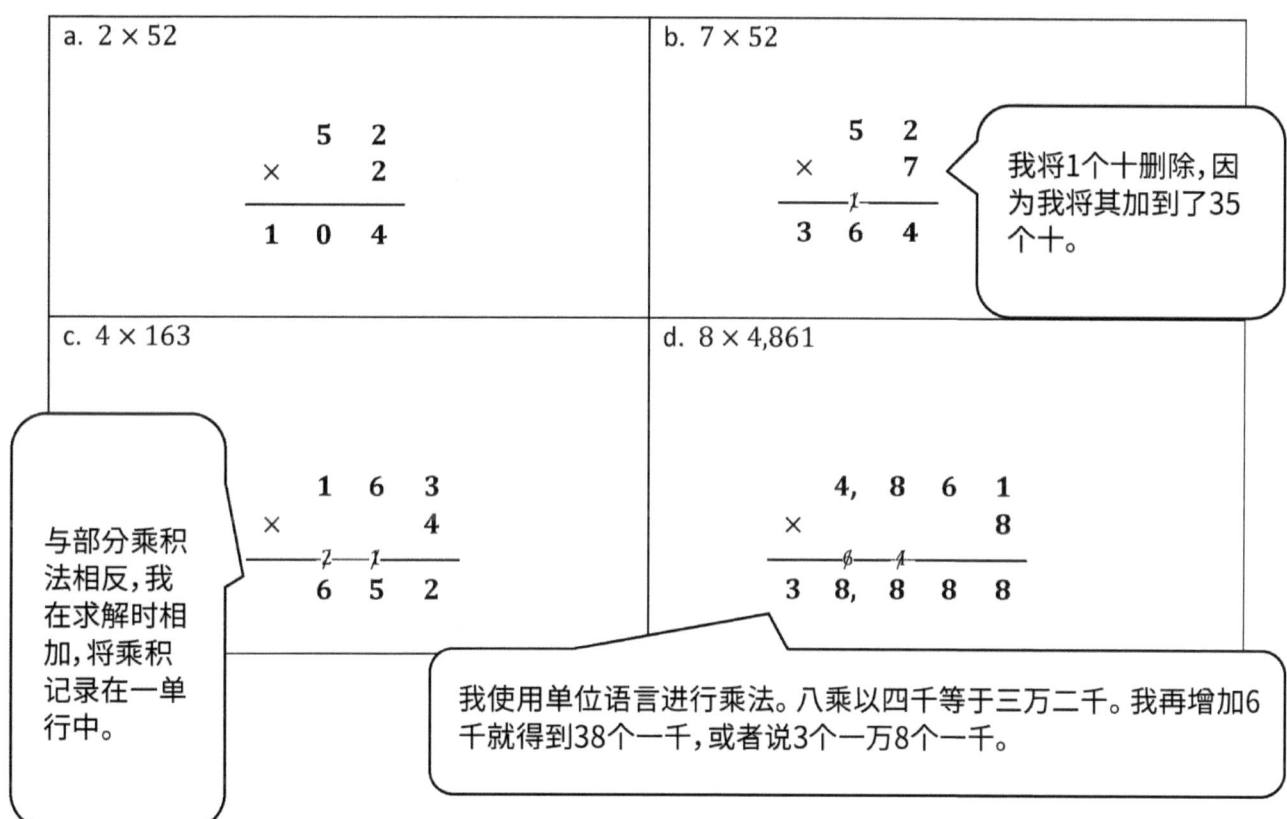

2. 咪咪跑了 2 英里。拉吉目前跑了 3 倍的距离。一英里是 5,280 英尺。拉吉跑了多少英尺?

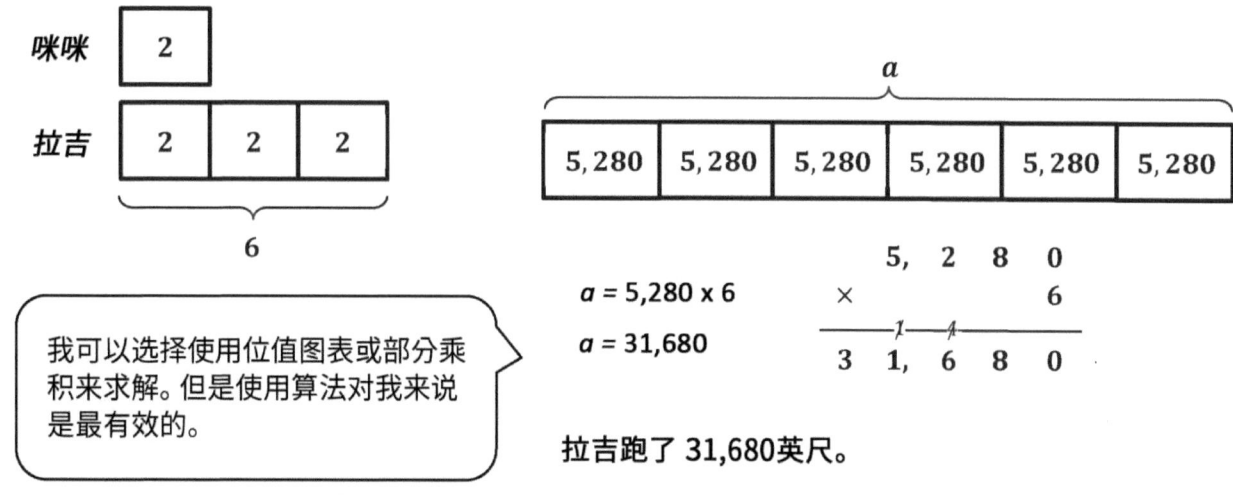

拉吉跑了 31,680 英尺。

姓名 _____ 日期 _____

1. 使用标准算法求解。

a. 3 × 41	b. 9 × 41
c. 7 × 143	d. 7 × 286
e. 4 × 2,048	f. 4 × 4,096
g. 8 × 4,096	h. 4 × 8,192

第十课: 应用标准算法,将三位数和四位数乘以一位数。

2. 罗伯特一家为足球队的运动员带了六加仑的水。如果一加仑的水包含128液体盎司,那么六加仑中有多少液体盎司?

3. 火星需要687天围绕太阳旋转一次。围绕太阳旋转四次需要多少天?

4. 塔米购买了一个4千兆的手机内存卡。第戎购买的内存储存容量是塔米的两倍。一个千兆是1,024个兆。第戎的存储卡可以存多少兆?

1. 使用标准算法，部分乘积方法和面积模型求解以下表达式。

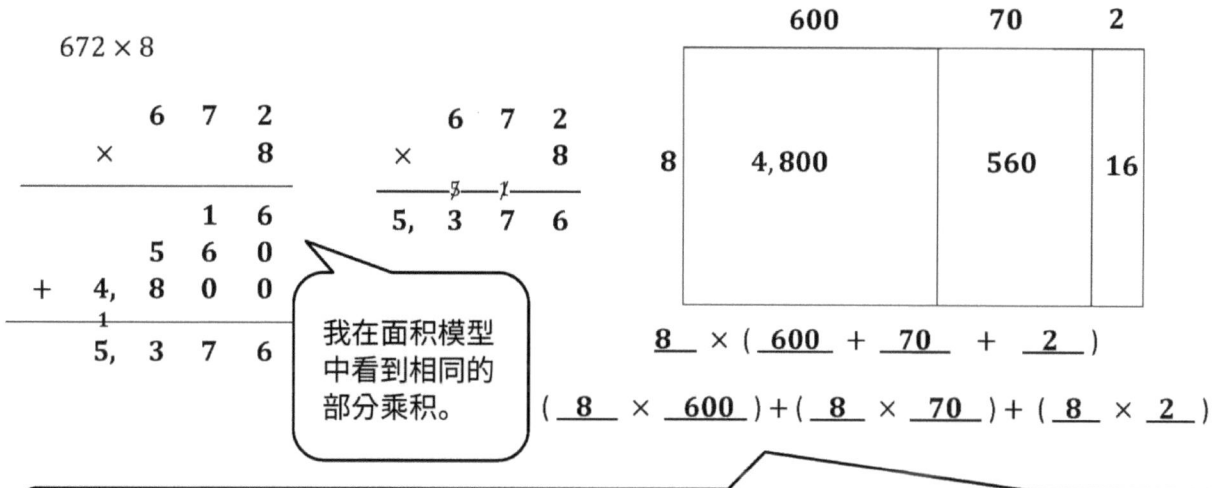

当使用部分乘积，算法或面积模型求解时，我将单位乘以单位。一直以来，我一直在使用分配律！现在，我可以将其写成匹配的表达式。

2. 使用标准算法，面积模型，分配律或部分乘积方法求解。

每年，希尔先生捐献 \$5,725 给慈善机构，希尔夫人捐献 \$752。5 年后，夫妇俩把多少钱捐给慈善公司？

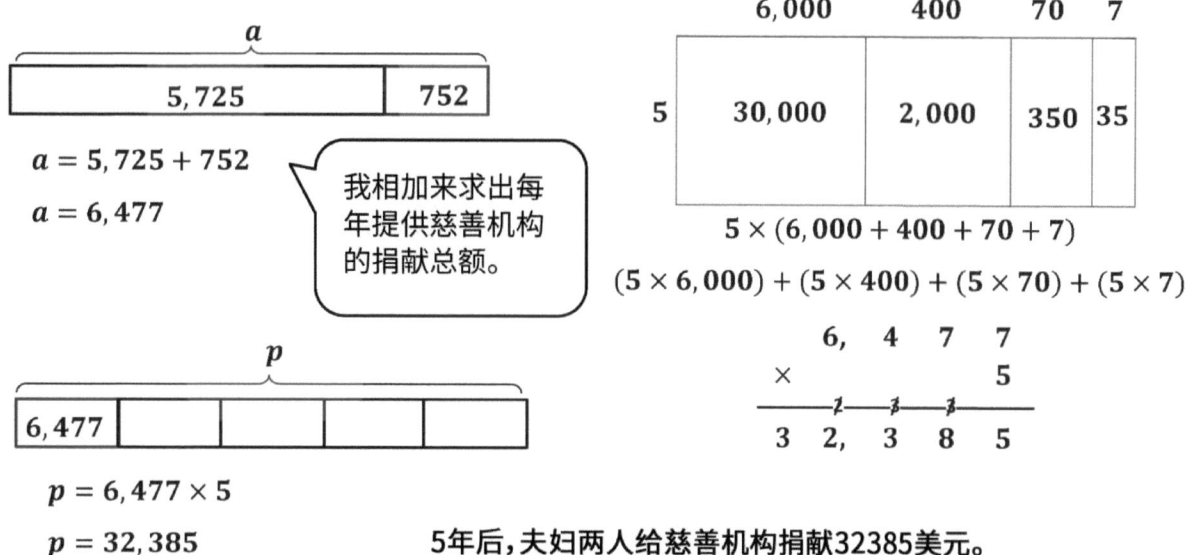

5年后，夫妇两人给慈善机构捐献32385美元。

第十一课： 将面积模型和部分乘积方法连接到标准算法。

姓名 _____   日期 _____

1. 使用标准算法，部分乘积方法和面积模型来求解以下表达式。

a. 302 × 8

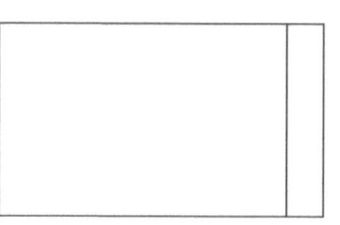

8(300 + 2)

(8 × _____) + (8 × _____)

b. 216 × 5

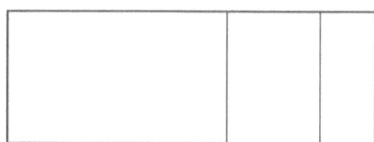

5 (_____ + _____ + _____)

(__ × _____) + (__ × _____) + (__ × _____)

c. 593 × 9

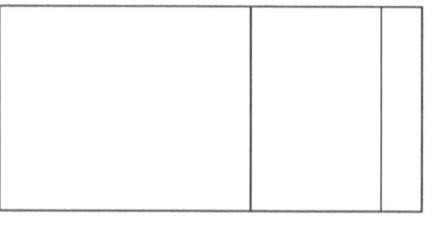

__ (_____ + _____ + _____)

(__ × _____) + (__ × _____) + (__ × _____)

2. 使用部分乘积方法求解。

   星期一有475人来博物馆参观。菈星期六，参观人数是星期一的4倍。
   星期六有多少人参观了博物馆？

3. 用带形图建模并求解。

   384倍的6倍

使用标准算法，面积模型，分配律或部分乘积方法求解。

4. $6,253 \times 3$

5. 3,073的7倍

6. 每个月自助餐厅制作2516磅白米饭和608磅糙米饭。6个月后,自助餐厅要煮多少磅大米?

使用RDW流程求解以下习题。

1. 该表显示了烘焙销售商品的成本。米兰的妈妈给她8个孩子没人买一块布朗尼、一块饼干、和一块蛋糕。她花多少钱？

烤得好	成本
布朗尼	59美分
一块蛋糕	45美分
饼干	27美分

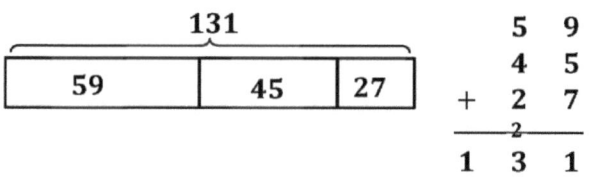

```
  5 9
  4 5
+ 2 7
-----
1 3 1
```

我相加,然后相乘求解。

$p = 131 \times 8$

$p = 1,048$

```
    1 3 1
  ×     8
  -------
  1, 0 4 8
```

米兰的妈妈花了 1,048美分的钱。

2.
   a. 写一个方程可以用来在带形图中求解 c 的值。

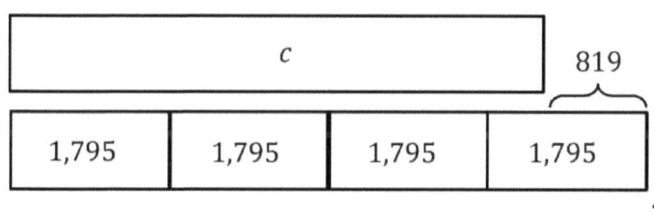

$c = 4 \times 1,795 - 819$

我想到了另外两个方程式：
$c + 819 = 4 \times 1,795$
或
$c = (3 \times 1,795) + (1,795 - 819)$.

   b. 写你自己的文字题来对应到带形图,然后求解。

卡特里娜每个月都赚 $1,795。
凯利赚的 4倍 倍于卡特里娜赚的钱。
玛丽赚的钱比凯利少$819。
玛丽每月赚多少钱？

$M = (4 \times 1,795) - 819$

$M = 7,180 - 819$

$M = 6,361$

玛丽每月赚 $6,361。

```
    1, 7 9 5
  ×        4
  ----------
         2 0
       3 6 0
     2, 8 0 0
  + 4, 0 0 0
  ----------
    7, 1 8 0
```

```
    6 11 7 10
    7,  1  8  0
  -     8  1  9
  -------------
    6,  3  6  1
```

我使用部分乘积法来确保记录每个单位的乘积。

第十二课: 解决两步文字题,包括乘法比较。

姓名 _____ 日期 _____

使用RDW流程求解以下习题。

1. 该表显示了克里斯西的新贴纸书中各种类型的贴纸。
   克里斯西的六个朋友各自拥有相同的贴纸书。
   克里斯西和她的六个朋友共有多少贴纸？

贴纸类型	贴纸数量
花卉	32
笑脸	21
心	39

2. 小型复印机每天都能复印437份。较大的复印机每天都能复印4倍的数量。大型复印机每周复印多少？

3. 贾里德售出194个女子军巧克力棒。马修的销量是贾里德的三倍。加里卖出的比马修少297个。加里卖出了多少巧克力棒？

第十二课： 解决两步文字题，包括乘法比较。

4. a. 写一个可以使某人求出M值的方程式。

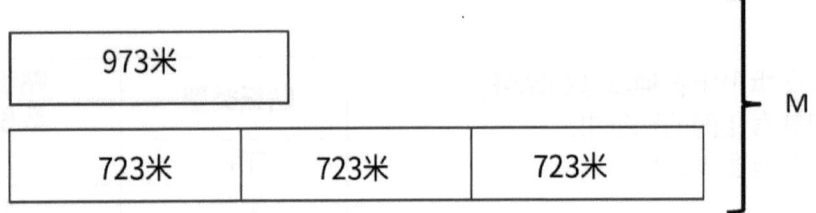

b. 写你自己的文字题来对应到带形图,然后求解。

使用RDW流程解题。

1. 一根香蕉价格58美分。石榴是3倍的价格。1个石榴和5根香蕉总费用多少?

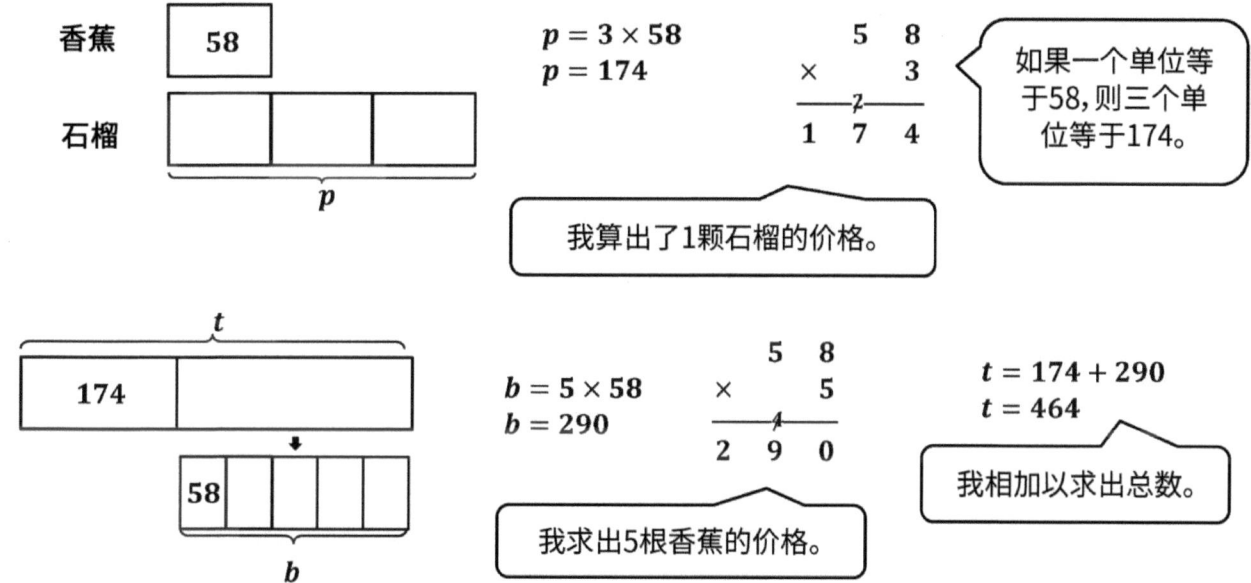

1个石榴和5根香蕉的总成本是464美分。

2. 特纳先生给了他2个女儿每人$197。他也给他妈妈$325。他给妻子的钱也是一样的。如果特纳先生总共给了$3,000,他给了他妻子多少?

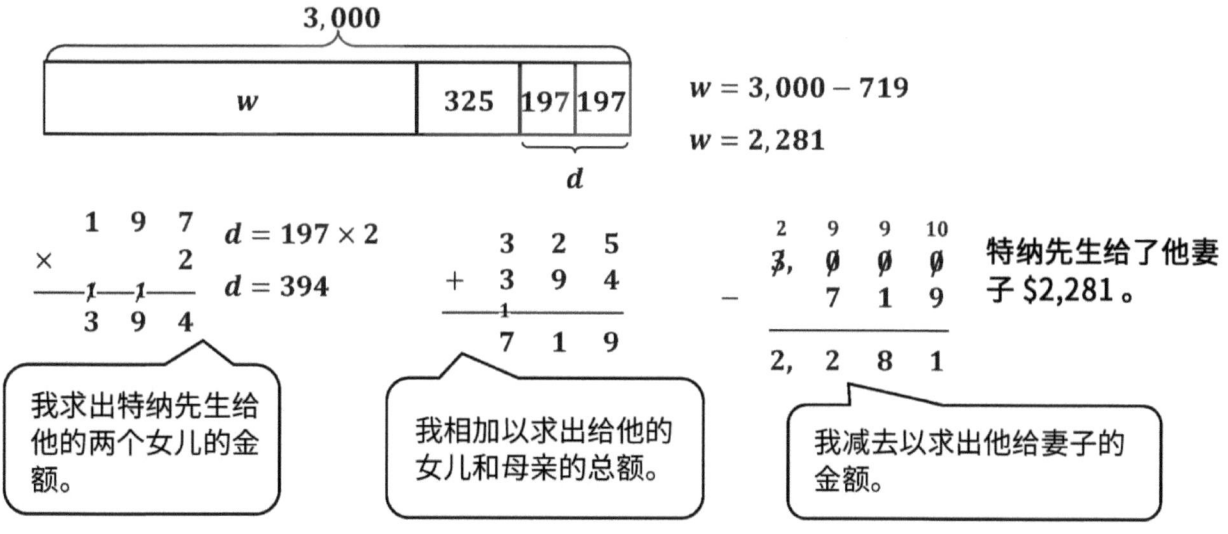

姓名 _____ 日期 _____

使用RDW的方法解题。

1. 一条牛仔裤要89美元。牛仔夹克的价格要贵一倍。买一件牛仔外套和4条牛仔裤一共要花多少钱？

2. 莎拉以35美元的价格买了一件衬衫。衬衫正在打折，原价是这个价值的3倍。了一双促销鞋，特价28美元。这双鞋的原价是这个价格的5倍。衬衫和鞋子本来总共是多少钱？

第十三课： 使用乘法，加法或减法求解多步文字题。

3. 剧院中的3,000个座位都将被更换。至今，5区的136个席位和6区的348个座位的座位已被更换。他们还需要更换多少个座位？

4. Computer Depot出售了762令的纸张。Paper Palace的纸张销量是Computer Depot的3倍，比办公用品中心多出售143令纸张。三个商店加起来卖了多少令纸张？

使用RDW的方法求解以下习题。

1. 有19块玉米饼壃。如果他每个油炸玉米饼使用 2 块玉米饼，他最多可以做多少墨西哥油炸玉米饼？他最后会剩下多少玉米饼？

他最多可以做 9 个油炸玉米饼。他会有 1 块额外的玉米饼。

2. 亚当教练把 31 名队员组成 每队8名的球队。他组成多少支球队？如果他将其余的球员组成一个较小的球队，那支球队中有多少球员？

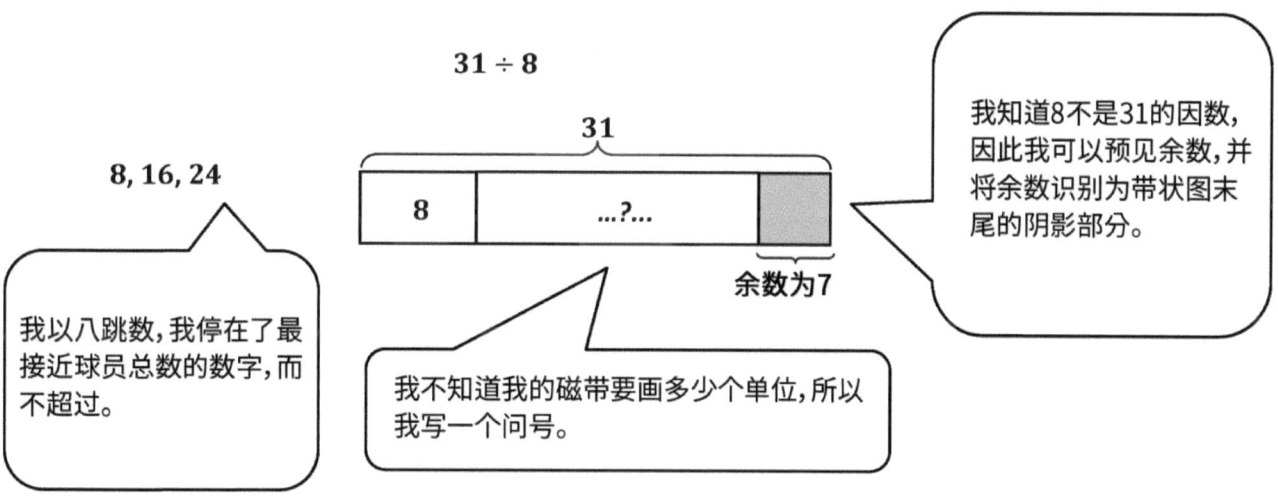

亚当教练组成 3 个球队。较小的球队有 7 名队员。

姓名 _____ 日期 _____

使用RDW的方法求解以下习题。

1. 琳达用两张纸做小册子。她有17张纸。她可以做多少小册子？她会有多余的纸吗？有几张？

2. 琳达用线缝制小册子。她为每本小册子裁剪6英寸的线。她可以用50英寸的线缝多少小册子？缝制小册子之后，她会有任何未使用的线吗？如果是这样，是多少？

3. 罗谢尔老师希望将她的29名学生分成6人一组。她可以组成多少个6人的组？如果她将其余的学生放在一个较小的小组中，这个小组会有多少个学生？

第十四课： 求解含余数的除法文字题。

4. 一位训练员每天从一个57加仑的容器中给他的马卡巴洛提供7加仑的水。卡巴洛将在几天后将饮用完容器中的所有水？培训师哪天需要重新给容器装满水？

5. 梅利扎有43名玩具士兵。她将他们排成5个一行，与虚构的僵尸作斗争。她可以排列多少行？在尽可能多地排成5个一行之后，她将其余的士兵放在最后一行。那排有几名士兵？

6. 七十八名学生分成八人一组外出旅行。有几组？其余的学生构成一个较小的组，这个小组有几名学生？

单位的故事　　　　　　　　　　　　　　　第十五课家庭作业助手　4•3

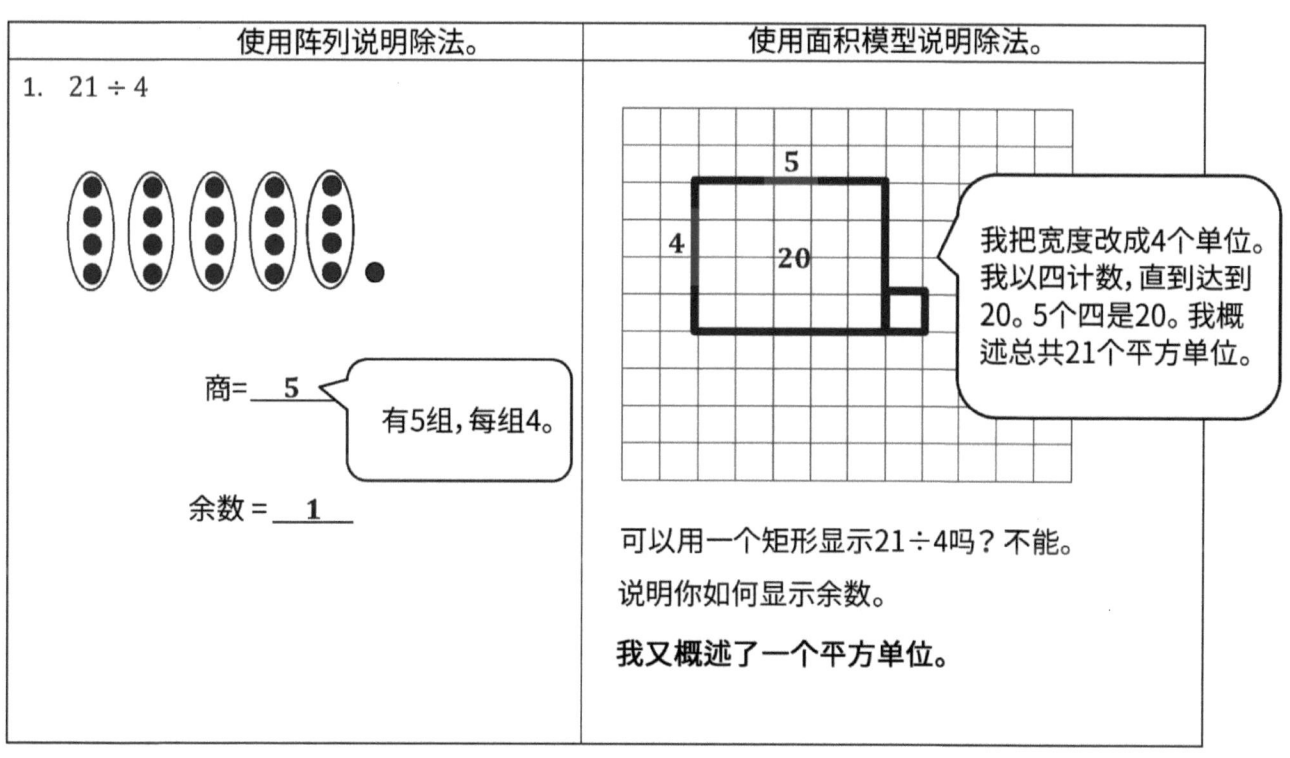

使用阵列和面积模型求解。

2.　　53 ÷ 7

a.　阵列

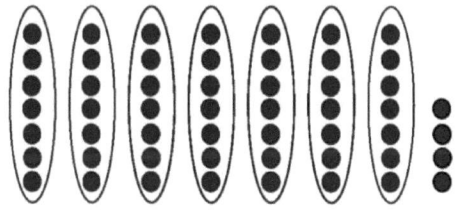

b.　面积模型

没有网格纸，我可以快速绘图。

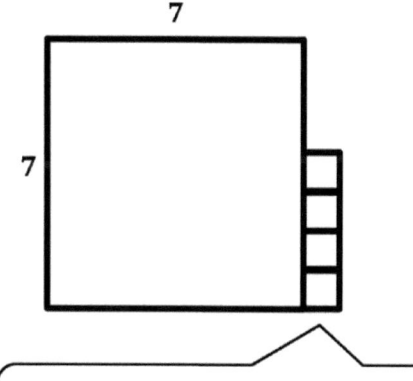

我用另外4个平方单位代表余数。

面积模型的绘制速度可能更快，但是无论我使用哪种模型，我都会得到相同的答案！

第十五课：　使用阵列和面积模型理解并求解含余数的除法题。

单位的故事　　　　　　　　　　　　　　　　　　　　　　　　　　第十五课家庭作业　4•3

姓名 _____　　　日期 _____

使用阵列显示除法。	使用面积模型说明除法。
1. 24 ÷ 4 商数 = _____ 余数 = _____	 可以用一个矩形来算 24 ÷ 4 吗? _____
2. 25 ÷ 4 商数 = _____ 余数 = _____	 可以用一个矩形来算 25 ÷ 4 吗? _____ 说明你怎么表示余数的：

第十五课：　使用阵列和面积模型理解并求解含余数的除法题。

使用阵列和面积模型求解。其中一道题已经完成了。

例题：25 ÷ 3

a.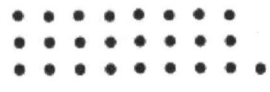

商 = 8　余数 = 1

b.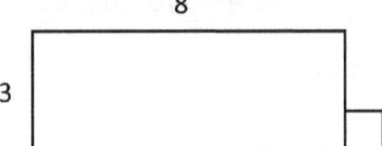

3. 44 ÷ 7

   a.

   b.

4. 34 ÷ 6

   a.

   b.

5. 37 ÷ 6

   a.

   b.

6. 46 ÷ 8

   a.

   b.

单位的故事　　　　　　　　　　　　　第十六课家庭作业助手　4•3

使用磁盘说明除法。将你在位值图表上的解题方法长除法相关联。通过使用乘法和加法来检查商和余数。

1. $9 \div 2$ ← 为了建模,除数表示相等的组数。商表示组的大小。

个位数
● ● ● ● ●
● ● ● ●

我使用位值磁盘代表了9个一。

我在图表上腾出空间,将磁盘分成两个相等的组。

9个一均匀分布在2个相等的组中,每组4个。我分配时将它们划掉。

剩下1个一,因为它无法平均分配给2。我圈出它以表示余数。

个位数
●̸ ●̸ ●̸ ●̸ ●̸
● ● ● ●
● ● ● ●

} 4个一

这是商。

$$\begin{array}{r} 4 R1 \\ 2 \overline{)9} \\ -\underline{8} \\ 1 \end{array}$$

商 = __4__

余数 = __1__

检查你的解题方法。

$$\begin{array}{r} 4 \\ \times\ 2 \\ \hline 8 \end{array} \quad \begin{array}{r} 8 \\ +\ 1 \\ \hline 9 \end{array}$$

我将商乘以除数来检查除法。我加上余数。和就是整体。

第十六课：　通过使用位值磁盘,理解并求解带余数在个位的两位数被除数的除法题。　　191

2. $87 \div 4$

我将整体表示为8个十和7个一。我将图表分为以下4个相等的组。

$8 \div 4 = 2$

8个十平均分配道4组等于2个十。

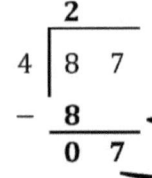

$2 \times 4 = 8$

4组中每组的2个十是8个十。

$8 - 8 = 0$

我们从8个十开始,然后平均分配8个十。零个十和七个一留在整体中。

$7 \div 4 = 1$

7个一被平均分配到4个组是1个一。

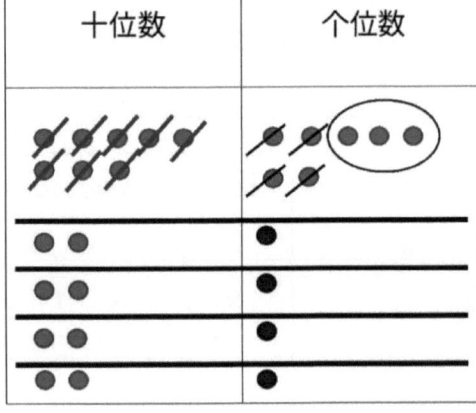

} 2个十 1个一

$4 \times 1 = 4$

4组中每组的1个一是4个一。7个一中只有4个一被平均分配。

$7 - 4 = 3$

从7个一开始,然后平均分配4个一。3个一留在整体中。

检查你的解题方法

商 = __21__

余数 = __3__

```
    2 1          8 4
  ×   4        +   3
  -------      -------
    8 4          8 7
```

我将余数记录在商旁边。

第十六课: 通过使用位值磁盘,理解并求解带余数在个位的两位数被除数的除法题。

单位的故事　　　　　　　　　　　　　　　　　　　　第十六课家庭作业　4·3

姓名 _____　　日期 _____

使用磁盘说明除法。将你在位值图表上的解题方法长除法相关联。通过使用乘法和加法来检查商和余数。

1. 7 ÷ 3

个位数

3 ⟌ 7

商数= _____

余数= _____

检查解题方法

　　　　2
　×　　3
　―――

2. 67 ÷ 3

十位数	个位数

3 ⟌ 6 7

检查解题方法

商数= _____

余数= _____

第十六课：　通过使用位值磁盘，理解并求解带余数在个位的两位数被除数的除法题。

193

单位的故事　　　　第十六课家庭作业　4•3

3. 5 ÷ 2

个位数

2) 5

检查解题方法

商数= _____

余数= _____

4. 85 ÷ 2

十位数	个位数

2) 8 5

检查解题方法

商数= _____

余数= _____

第十六课：　通过使用位值磁盘，理解并求解带余数在个位的两位数被除数的除法题。

单位的故事　　　　　　　　　　　　　　　　　　　　　　第十六课家庭作业　4•3

5. 5 ÷ 4

个位数

4) 5

检查解题方法

商数= _____

余数= _____

6. 85 ÷ 4

十位数	个位数

4) 85

检查解题方法

商数= _____

余数= _____

第十六课：　通过使用位值磁盘，理解并求解带余数在个位的两位数被除数的除法题。　　195

使用磁盘说明除法。将你的模型与长除法相关联。通过使用乘法和加法来检查商。

1. $5 \div 4$

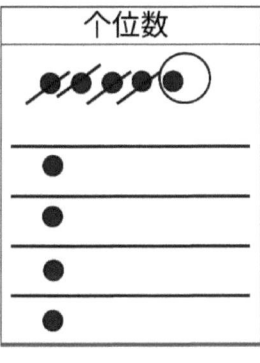

$$\begin{array}{r} 1 \;\; R1 \\ 4 \overline{) 5} \\ -\underline{4} \\ 1 \end{array}$$

商= __1__

余数= __1__

检查解题方法

$$\begin{array}{r} 4 \\ \times \; 1 \\ \hline 4 \end{array} \quad \begin{array}{r} 4 \\ + \; 1 \\ \hline 5 \end{array}$$

} 1个一

就像第16课一样，我对整体建模，然后将图表划分为4个部分以表示除数。

2. $53 \div 4$

分配4个十后，剩下1个十。我将1个十换成10个一。

现在，我有13个一。我可以平均分配12个一，但剩下1个一。

$$\begin{array}{r} 1 \; 3 \;\; R1 \\ 4 \overline{) 5 \; 3} \\ -\underline{4} \\ 1 \; 3 \\ -\underline{1 \; 2} \\ 1 \end{array}$$

} 1个十 3个一

商数= __13__

余数= __1__

检查解题方法

$$\begin{array}{r} 1 \; 3 \\ \times \quad 4 \\ \hline 5 \; 2 \end{array} \quad \begin{array}{r} 5 \; 2 \\ + \quad 1 \\ \hline 5 \; 3 \end{array}$$

第十七课： 表示并求解除法题，需要分解十位数的余数。

姓名 _____   日期 _____

使用磁盘说明除法。将你的模型与长除法相关联。使用乘法和加法检查商数和余数。

1. 7 ÷ 2

个位数

2⟌7

检查解题方法

商数= _____

余数= _____

2. 73 ÷ 2

十位数	个位数

2⟌7 3

检查解题方法

商数= _____

余数= _____

第十七课：　　表示并求解除法题，需要分解十位数的余数。

3. 6 ÷ 4

个位数

4 ⟌ 6

检查解题方法

商数= _____

余数= _____

4. 62 ÷ 4

十位数	个位数

4 ⟌ 6 2

检查解题方法

商数= _____

余数= _____

第十七课： 表示并求解除法题，需要分解十位数的余数。

单位的故事　　　　　　　　　　　　　　　　　　　　　第十七课家庭作业　4•3

5. 8 ÷ 3

个位数

3 ⟌ 8

检查解题方法

商数= _____

余数= _____

6. 84 ÷ 3

十位数	个位数

3 ⟌ 8 4

检查解题方法

商数= _____

余数= _____

第十七课：　表示并求解除法题，需要分解十位数的余数。　　　　201

第十八课家庭作业助手

使用标准算法求解。使用乘法和加法来检查商数和余数。

1. $69 \div 3$

```
      2 3
    ┌─────
  3 │ 6 9
    - 6
    ─────
      0 9
        9
    ─────
        0
```

```
      2 3
    ×   3
    ─────
      6 9
```

> 69除以3是23。23乘以3是69。

2. $57 \div 3$

> 我注意到问题1和2中的除数相同。但是整体69大于整体57。当除数相同时,整体越大,商越大。

```
      1 9
    ┌─────
  3 │ 5 7
    - 3
    ─────
      2 7
    - 2 7
    ─────
        0
```

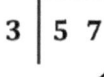

```
      1 9
    ×   3
    ─────
      5 7
```

> 我分配3个十。剩下2个十。分解后,20个一加7个一就是27个一。

3. $94 \div 5$

```
      1 8  R4
    ┌─────
  5 │ 9 4
    - 5
    ─────
      4 4
    - 4 0
    ─────
        4
```

```
      1 8
    ×   5
    ─────
      9 0
```

```
      9 0
    +   4
    ─────
      9 4
```

> 商为18,余数为4。

4. $97 \div 7$

> 当整体几乎相同时,除数越大,商越小。那是因为整体被分为更多相等的组。

```
      1 3  R6
    ┌─────
  7 │ 9 7
    - 7
    ─────
      2 7
    - 2 1
    ─────
        6
```

```
      1 3
    ×   7
    ─────
      9 1
```

```
      9 1
    +   6
    ─────
      9 7
```

> 我用13乘以7再加6来证明我的除法是正确的。

第十八课: 求出整数商和余数。

姓名 _____   日期 _____

使用标准算法求解。使用乘法和加法来检查商数和余数。

1. 84 ÷ 2	2. 84 ÷ 4
3. 48 ÷ 3	4. 80 ÷ 5
5. 79 ÷ 5	6. 91 ÷ 4

第十八课:　　求出整数商和余数。

7. 91 ÷ 6	8. 91 ÷ 7
9. 87 ÷ 3	10. 87 ÷ 6
11. 94 ÷ 8	12. 94 ÷ 6

第十八课: 求出整数商和余数。

1. 迈科海说 97 ÷ 3 是 30，余数为 7。他的理由是说，
   (3 × 30) + 7 = 97。迈科海犯了什么错误？错误怎么纠正？
   余

   麦凯有了7个一时停止了除法7，但他可以将它们分配到3 另外2人一组的3
   组中。如果他这样做，他可以得到 3 组 32 而不只是 30。

   没有足够的一可以分配到3组。我记录1为余数。

   ```
       3 2  R1
     ┌──────
   3 │ 9 7
     − 9
     ──────
       0 7
     −   6
     ──────
         1
   ```

2. 四个朋友平均分享 52 美元。
   a. 他们有 5 张十美元的钞票和 2 张一美元的钞票。画一幅画，说明钞票如何共享。
      他们是不是每个阶段都没剩下什么？

   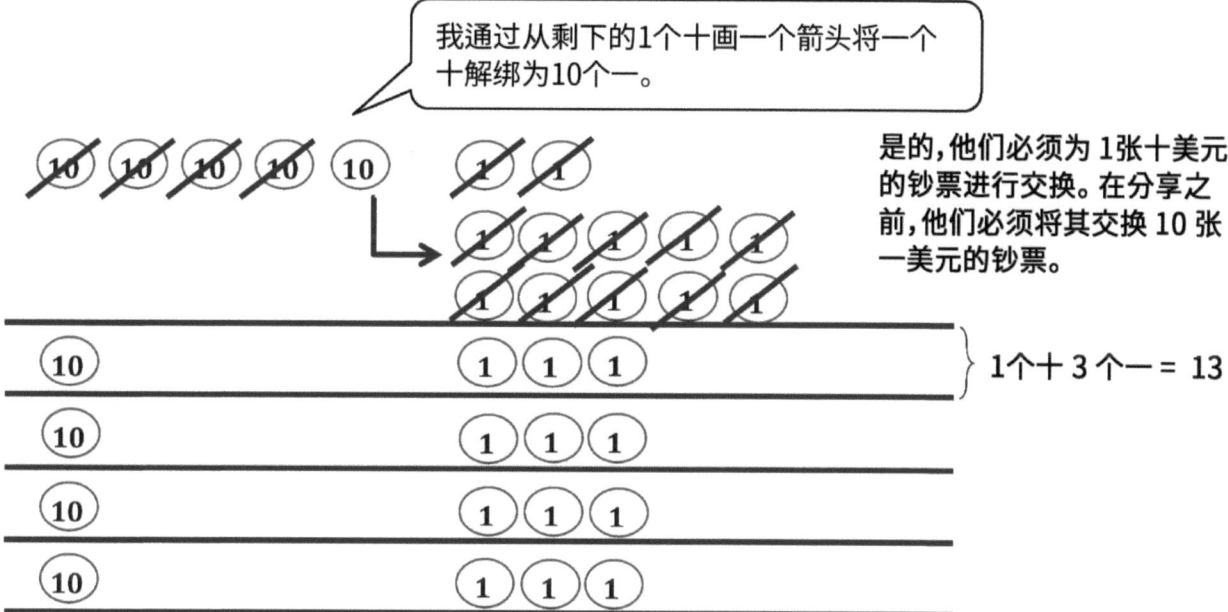

   我通过从剩下的1个十画一个箭头将一个十解绑为10个一。

   是的，他们必须为 1 张十美元的钞票进行交换。在分享之前，他们必须将其交换 10 张一美元的钞票。

   1个十 3个一 = 13

   b. 请说明他们怎么能平均的分配这个钱。

   每个朋友得到 1 张十美元的钞票和 3 张 一美元的钞票。

   第十九课： 通过使用位值理解和模型来解释余数。

3. 想象一下，你正在写一篇杂志文章，描述如何给四年级新生求解习题 43÷3。撰写草稿，解释在第一步得到一个十的余数后如何继续做除法。

例题答案： 这就是你如，可以 43 除以 3 的。将其想象为 4 个十 3 个一被分成 3 组。首先，你要分配十位数。你可以分配 3 个十。每组将有 1 个十。将有 1 个十剩下。没关系你可以继续划分。只是将 1 个十变为 10 个一。还剩下一个一有 13 个一。您可以平均分配 12 个一。3 组 4 个 一是 12 个一。1 个一剩下。所以，你的商是 14 R1 个。这就是你怎么用 43 除以 3 的 。

```
      1 4  R1
    ┌──────
  3 │ 4 3
    − 3
    ──────
      1 3
    − 1 2
    ──────
          1
```

第十八课： 通过使用位值理解和模型来解释余数。

姓名 _____   日期 _____

1. 把86除以4的时候，余数为2。使用位值磁盘对题进行建模。在位值磁盘模型中，如何看待有余数？

2. 弗朗西斯说86÷4是20，余数为6。
   (4 × 20) + 6 = 86。弗朗西斯犯了什么错误？错误怎么纠正呢？

第十九课：　　通过使用位值理解和模型来解释余数。

3. 位值磁盘模型显示67 ÷ 4。完成模型。解释在十位数列中剩余的2个十是怎么回事。

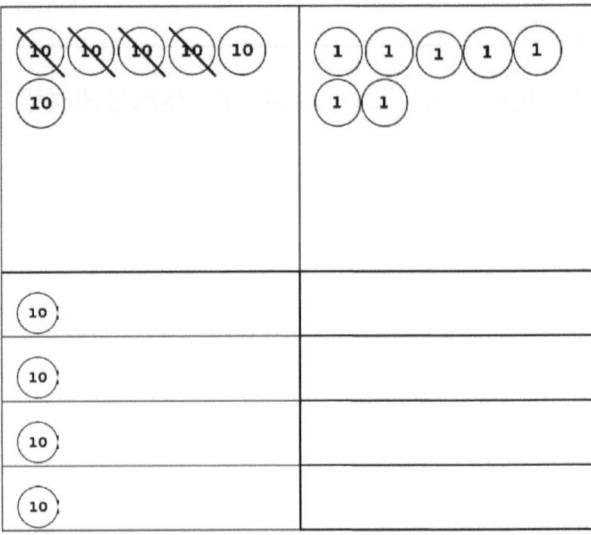

4. 两个朋友分享76个蓝莓。

   a. 为了计数蓝莓，他们将蓝莓放入小碗中，10个一碗。绘画说明如何平均分配蓝莓。当他们分享时，是否必须将10碗蓝莓中的任何一碗分开？

   b. 说明朋友如何公平地分享蓝莓。

5. 想象一下，你正在画连环漫画，向四年级新生说明如何求解习题72÷4。请写剧本，说明第一步得到十位数余数3后如何继续做除法。

1. 帕科通过绘制面积模型求解了除法题。

    a. 看看面积模型。帕科求解了什么除法题？

    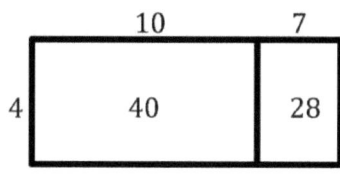

    $68 \div 4 = 17$

    我相加面积以求出整体。宽度是除数。我将两个长度相加来求出商。

    b. 显示数字键以代表帕科的面积模型。从总计开始，然后说明如何将总计分为两部分。在这两部分下面，使用分配律表示总长度，然后求解。

    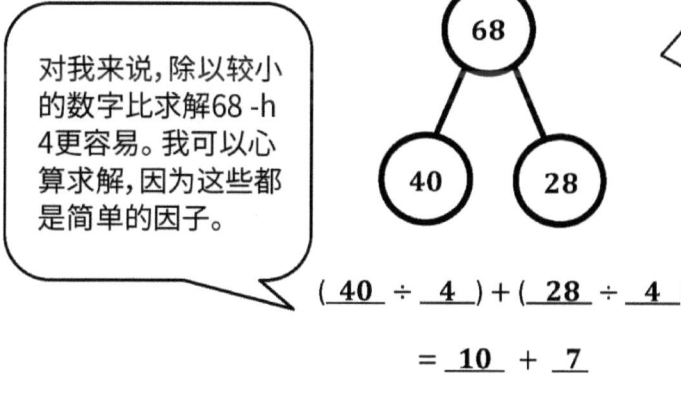

    对我来说，除以较小的数字比求解 68 ÷ 4 更容易。我可以心算求解，因为这些都是简单的因子。

    在数字键中，我记录将整体（68）分为两部分（40和28）。

    $(\underline{\ 40\ } \div \underline{\ 4\ }) + (\underline{\ 28\ } \div \underline{\ 4\ })$

    $= \underline{\ 10\ } + \underline{\ 7\ }$

    $= \underline{\ 17\ }$

2. 所有面积模型求解 $76 \div 4$。使用单词，图片或数字来说明分配律与面积模型的联系。

    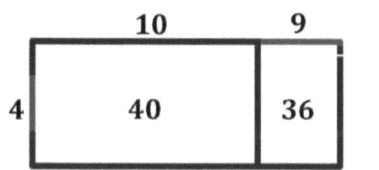

    $(40 \div 4) + (36 \div 4)$
    $= 10 + 9$
    $= 19$

    面积模型就像分配模型的图片。每个矩形代表一个较小的除法表达式，该表达式用括号括起来。矩形的宽度是每个算式中的除数。将两个长度加在一起得到商。

    我想到4倍的多少个十的长度使我接近整体中的7个十：1个十。然后，4倍的多少个一的长度使我接近其余36个一：9个一。

第二十课： 使用面积模型来求解不含余数的除法题。

姓名 _____   日期 _____

1. 玛丽亚通过绘制面积模型求解除法题。

   a. 看看面积模型。请说明玛丽亚怎么求解除法题。

   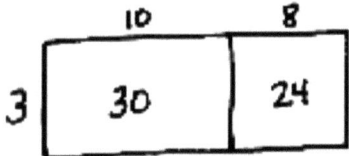

   b. 显示数字键以代表玛利亚的面积模型。从总计开始，说明如何将总计分为两部分。在这两部分下面，使用分配律表示总长度，然后求解。

   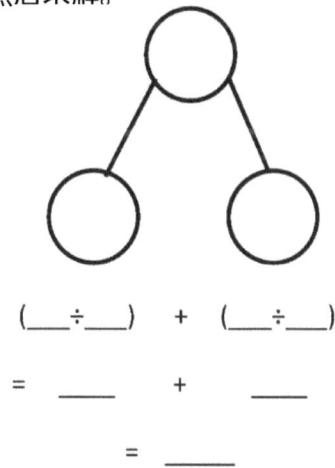

   (___÷___) + (___÷___)

   =   ____   +   ____

   =   ____

2. 使用面积模型求解42 ÷ 3。画一个数字键，并使用分配律来求解未知长度。

3. 使用面积模型求解60÷4。绘制数字键以说明如何划分面积,并使用书面方法表示该除法。

4. 使用面积模型求解72÷4。使用文字,图片或数字来解释分配律与面积模型的联系。

5. 使用面积模型和标准算法求解96÷6。

1. 叶海亚通过绘制面积模型求解以下除法题。

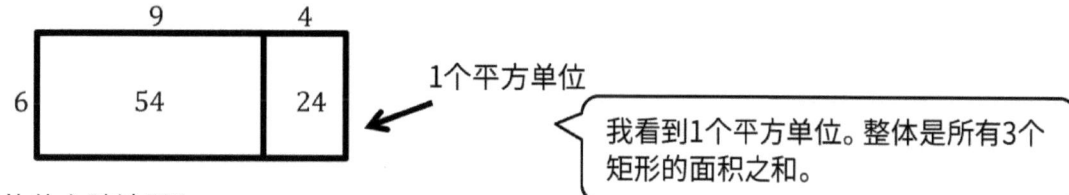

我看到1个平方单位。整体是所有3个矩形的面积之和。

a. 他求解的什么除法题？**79÷6**

b. 怎么使用分配律来表示叶海亚的模型。

$$(54 \div 6) + (24 \div 6)$$
$$= 9 + 4$$
$$= 13$$
$$(6 \times 13) + 1 = 79$$

我记得要加上1的余数。

使用面积模型求解以下习题。用长除法或分配律来做出面积模型。

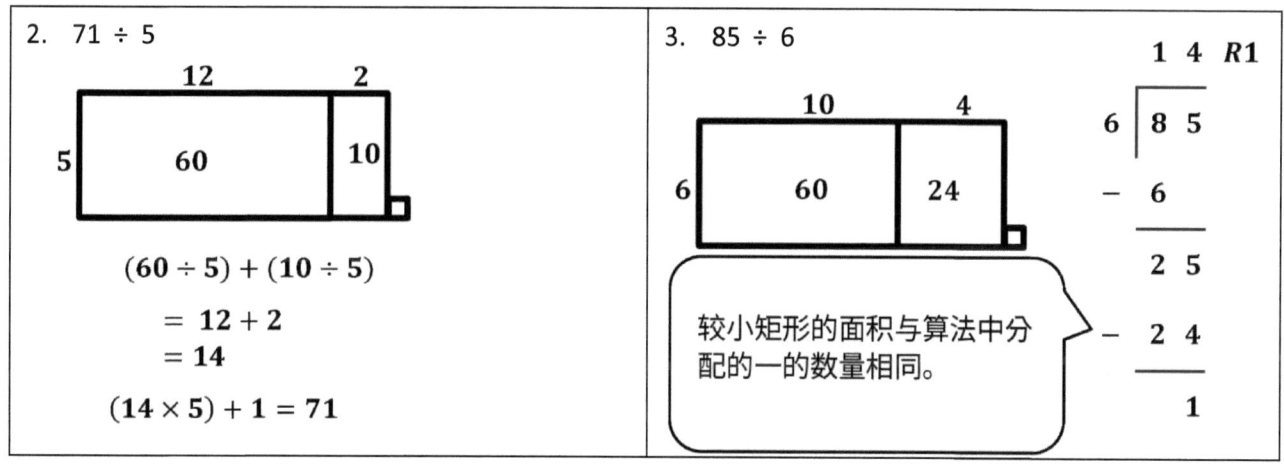

2. $71 \div 5$

$$(60 \div 5) + (10 \div 5)$$
$$= 12 + 2$$
$$= 14$$
$$(14 \times 5) + 1 = 71$$

3. $85 \div 6$

较小矩形的面积与算法中分配的一的数量相同。

4. 89个弹珠被平均放入4袋。每个袋子里有多少个弹珠？剩下多少弹珠？

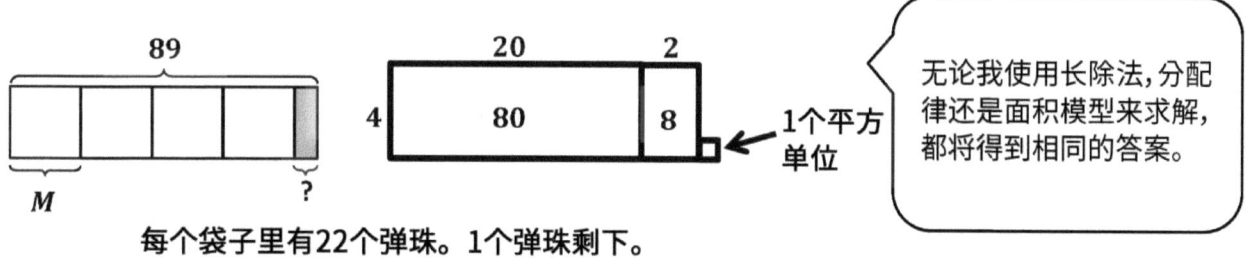

无论我使用长除法，分配律还是面积模型来求解，都将得到相同的答案。

每个袋子里有22个弹珠。1个弹珠剩下。

姓名 _____   日期 _____

1. 使用面积模型求解35 ÷ 2。请使用长除法和分配律。

2. 使用面积模型求解79 ÷ 3。使用长除法和分配律。

3. 宝琳娜用绘制面积模型求解以下除法题。

   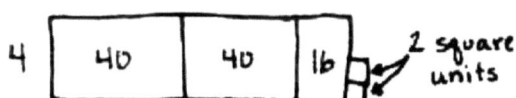

   a. 她求解什么除法题？

   b. 解释怎么使用分配律来表示宝琳娜的模型。

使用面积模型求解以下习题。用长除法或分配律来创造面积模型。

4. $42 \div 3$	5. $43 \div 3$
6. $52 \div 4$	7. $54 \div 4$
8. $61 \div 5$	9. $73 \div 3$

10. 九十七个午餐托盘平均分为四叠。每堆有多少个午餐盘？剩下多少个午餐盘？

1. 将已知数字的因子记录为乘法算式和列表，顺序为从小到大。将每个分类为素数（P）或合数（C）。

	乘法算式	因数	P或C
a.	5 $1 \times 5 = 5$	5的因数是 **1, 5**	**P**
b.	18 $1 \times 18 = 18$ $2 \times 9 = 18$ $3 \times 6 = 18$	18的因数是 **1, 2, 3, 6, 9, 18**	**C**

> 我知道一个数字如果只有两个因数是素数。
> 我知道一个有两个以上的因数的数字是合数的。

2. 求出以下数字的所有因子，并将每个数字分类为素数或合数。说明质数或合数的分类。

12的因子对	
1	12
2	6
3	4

12 是合数。我知道这一点，因为它有两个以上的因数。

> 我想到乘积为12的乘法因子。

3. 珍妮有 25 个珠子平均分配给4个璀 朋友。她认为不会有剩余的。用你对因数的理解说明珍妮对不对。

珍妮不对确。将会剩余的。因为，如果4是其中一个因数，那么就没有整数乘以 4 得到 25 作为乘积。将会剩下一个珠子。

> $4 \times 6 = 24$ 和 $4 \times 7 = 28$。没有因数对的4得到乘积25。

第二十二课： 求出数字到100的因子对，并使用对因数的理解来定义素数和合数。

单位的故事 第二十二课家庭作业 4•3

姓名 _____ 日期 _____

1. 将从小到大,将已知道的数字和它们的因子记录在一下列表。将每个分类为素数(P)或合数(C)。第一道题已经完成了。

	乘法算式	因数	P或C
a.	8 $1 \times 8 = 8$ $2 \times 4 = 8$	8的因数是: 1, 2, 4, 8	C
b.	10	10的因数是:	
c.	11	11的因数是:	
d.	14	14的因数是:	
e.	17	17的因数是:	
f.	20	20的因数是:	
g.	22	22的因数是:	
h.	23	23的因素是:	
i.	25	25的因数是:	
j.	26	26的因数是:	
k.	27	27的因数是:	
l.	28	28的因数是:	

第二十二课: 求出数字到100的因子对,并使用对因子的理解来定义素数和合数。

2. 求出以下数字的所有因子，并将每个数字分类为素数或合数。解释每个分类为素数或合数的理由。

19的因子对	

21的因子对	

24的因子对	

3. 布赖恩说，只有偶数是合数。

   a. 按数字顺序列出所有小于20的奇数。

   b. 用清单来说明布莱恩的主张是错误的。

4. 朱莉有27颗葡萄，平均分配给3个朋友。她认为不会有剩余的。用你对因子对的理解想一下朱莉对不对。

1. 说明你的想法或使用除法来解答以下习题。

2是96的因数吗？	3是96的因数吗？
是。96 是偶数。2 是每个偶数的一个因数。	$\begin{array}{r}32\\3\overline{)96}\\-9\\\hline 06\\-6\\\hline 0\end{array}$ 是，3 是96的因数。当我用 96 除以 3，我的答案是 32。
4是96的因数吗？	5是96的因数吗？
$\begin{array}{r}24\\4\overline{)96}\\-8\\\hline 16\\-16\\\hline 0\end{array}$ 是的, 4是是96的因数。当我用 96 除以4, 我的答案是24。	不是，5 不是96的因素。96 没有一个 5 或 0 在个位数。所有具有 5 作为一个因子的数字都会有5或0在个位数。

> 我用我所知道的因数来求解。考虑2是一个因数还是5是一个因数很简单。三和四较难,所以我除以看看它们是否是因数。96可被3和4整除,因此它们都是96的因数。

2. 使用结合律求出 28 和 32 的更多因子 。

a. $28 = 14 \times 2$
    $= (\underline{\ 7\ } \times 2) \times 2$
    $= \underline{\ 7\ } \times (2 \times 2)$
    $= \underline{\ 7\ } \times 4$
    $= \underline{\ 28\ }$

b. $32 = \underline{\ 8\ } \times 2$
    $= (\underline{\ 2\ } \times 4) \times 4$
    $= \underline{\ 2\ } \times (4 \times 4)$
    $= \underline{\ 2\ } \times 16$
    $= \underline{\ 32\ }$

> 我通过将因子之一分解为较小的部分,然后使用括号将它们区别地关联,可以求出整数中的更多因子。

第二十三课： 使用除法和结合律测试因子并观察模式。

单位的故事　　　　　　　　　　　　　　　　　　　　　　　第二十三课家庭作业助手　4•3

3. 我们上课时用了瞾时，则 2 和 3 也是因子，因为 6 = 2× 3。因此，可以看得出12 = 2×6表明2和6是36、48、和60的因子。

$$36 = 12 \times 3$$
$$= (2 \times 6) \times 3$$
$$= 2 \times (6 \times 3)$$
$$= 2 \times 18$$
$$= 36$$

$$48 = 12 \times 4$$
$$= (2 \times 6) \times 4$$
$$= 2 \times (6 \times 4)$$
$$= 2 \times 24$$
$$= 48$$

$$60 = 12 \times 5$$
$$= (2 \times 6) \times 5$$
$$= 2 \times (6 \times 5)$$
$$= 2 \times 30$$
$$= 60$$

> 我重写了数字算式，用2 x 6代替12。因为结合律，我可以移动括号，然后求解。这有助于说明2和6都是36、48和60的因数。

4. 第一条陈述是错的。第二条陈述是对的。说明为什么要使用文字，图片或数字。

如果一个数字有 2 和 8 作为因子，那那16也是这数字的因子。
如果一个数字有 16 作为一个因子，则 2 和 8 都是因数。

第一条陈述是错的。例如，8 有 2 和 8 两个作为因素，但它没有 16 作为一个因子。第二条陈述是对的。任何可以精确除以 16 的数字反过来也可以除以 2 和 8 , 因为 16 = 2 × 8。例题: 2 × 16 = 32

$$2 \times (2 \times 8) = 32$$

> 这些例子能证明我的观点。

228　　第二十三课：　使用除法和结合律测试因子并观察模式。

姓名 _____ 日期 _____

1. 解释你的想法或使用除法来解答以下习题。

a. 2是72的因数吗?	b. 2是73的因数吗?
c. 3是72的因数吗?	d. 2是60的因数吗?
e. 6是72的因数吗?	f. 4是60的因数吗?
g. 5是72的因数吗?	h. 8是60的因数吗?

第二十三课: 使用除法和结合律测试因子并观察模式。

2. 使用结合律求出12和30的其他因子。

   a. 12 = 6 × 2

       = (___ × 2) × 2

       = ___ × (2 × 2)

       = ___ × ___

       = ___

   b. 30 = ___ × 5

       = (___ × 3) × 5

       = ___ × (3 × 5)

       = ___ × 15

       = ___

3. 在课堂上，我们使用结合律说明当6是一个因子时，则2和3也是因子，因为6 = 2 × 3。使用因子10 = 5 × 2 表示2和5是70、80和90的因子。

   70 = 10 × 7   80 = 10 × 8   90 = 10 × 9

4. 第一条陈述是错的。第二条陈述是对的。用文字、图片、或数字来说明为什么。
   如果一个数字有2和6作为因子，那么它有12作为因子。
   如果一个数字有12作为因数，则2和6都是因数。

单位的故事　　　　　　　　　　　　　　　　　　　　第二十四课家庭作业助手　4•3

1. 写出3的倍数，从36开始。为自己计时1分钟。看看可以写出多少个倍数。

   36, 39, 42, 45, 48, 51, 54, 57, 60, 63, 66, 69, 72, 75, 78, 81, 84, 87, 90, 93, 96, 99, 102, 105, 108, 111, 114

   > 我从36开始以三跳数。

2. 列出具有28的倍数的数字。

   1, 2, 4, 7, 14, 28

   > 这就像找到一个数字的因子对一样。如果我跳过一个数字时说"28"，则意味着28是该数字的倍数。

3. 使用心算数学，除法或结合律来求解。

   a. 15是3的倍数吗？ **是的**　　3是15的因数吗？ **是的**

   > 3 x 5 = 15，所以3是15的因子。

   b. 34是6的倍数？ **不**　　6是34的因数？ **不**

   32是8的倍数吗？ **是的**　　32是8的因数吗？ **不是**

   > 如果一个数字是另一个数字的倍数，则表示当我跳过计数时，我说的是该数字。

   > 8是32的因数，但32不是8的因数。

第二十四课：　确定整数是否为另一个数字的倍数。

4. 请按照下面的指示来解题。

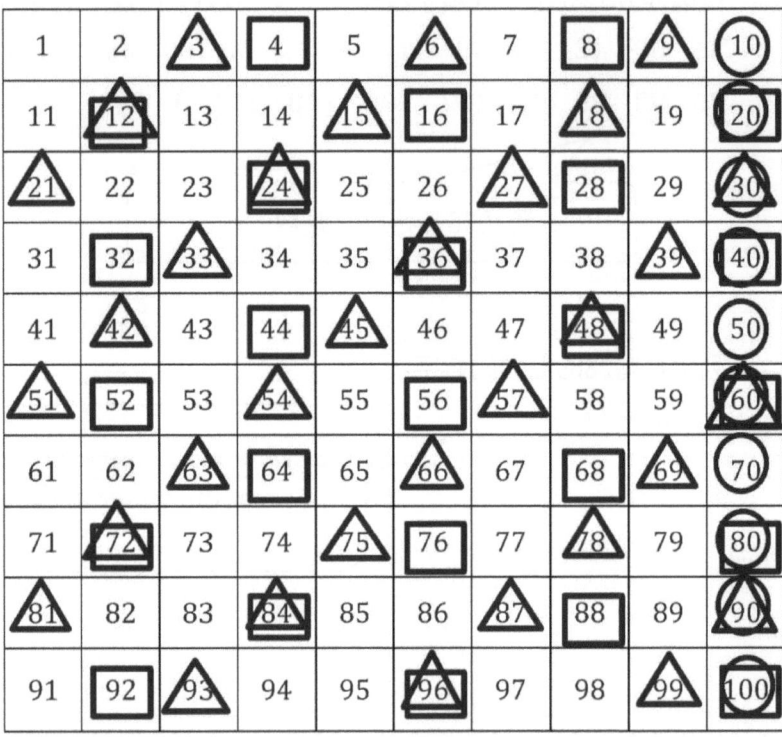

a. 圈出 10 的倍数。当数字是10的倍数时，位数是什么？
   当数字是10的倍数时，个位数的数字始终为零。

b. 在4的倍数周围画一个正方形。当数字是4的倍数时，个位数的数字是什么？
   当数字是4的倍数时，个位数的数字是2, 4, 6, 8, 或 0。

c. 在3的倍数上放一个三角形。选择一个。你选的数字有什么特别的？再选一个。这数字有什么特别的？

   15 → 这些数字的和是 6。

   75 → 这些数字的和是 12。

   > 如果我查看3的更多倍数，会发现数字之和是3、6、9、12、15或18。这些数字都是3的倍数。

姓名 _____   日期 _____

1. 对于以下各项，请自己计时1分钟。看看可以写出多少个倍数。

    a. 从75开始写下5的倍数。

    b. 从40开始写下4的倍数。

    c. 从24开始写下6的倍数。

2. 列出以30为倍数的数字。

3. 使用心算数学，除法或结合律求解。（如果需要，可以写在草稿纸上。）

    a. 12是3的倍数吗？ _____ 3是12的因数吗？ _____

    b. 48是8的倍数吗？ _____ 48是8的因数吗？ _____

    c. 56是6的倍数吗？ _____ 6是56的因数吗？ _____

4. 质数可以是除自身以外的任何其他数的倍数吗？为什么？

5. 请按照下面的指示来解题。

1	2	3	4	5	6	7	8	9	10
11	12	13	14	15	16	17	18	19	20
21	22	23	24	25	26	27	28	29	30
31	32	33	34	35	36	37	38	39	40
41	42	43	44	45	46	47	48	49	50
51	52	53	54	55	56	57	58	59	60
61	62	63	64	65	66	67	68	69	70
71	72	73	74	75	76	77	78	79	80
81	82	83	84	85	86	87	88	89	90
91	92	93	94	95	96	97	98	99	100

a. 下划线6的倍数。如果数字是6的倍数，那么个位数的值可能是什么？

b. 在4的倍数周围绘制一个正方形。看看十位数中有一个奇数的4的倍数。个位数是多少的？

c. 看看十位数中有一个偶数的4的倍数。个位数是多少的？当4的倍数大于100时，这个模式是一个绝对的道理吗？

d. 圈出9的倍数。选择一个。和的位数有什么特别之处？再选一个。和的位数有什么特别之处？

1. 请按照下面的指示。

    着色数字 1。

    a. 圈出第一个未标记的数字。

    b. 划掉该数字的每一个倍数，但所圈出的除外。如果已经删除，请跳过它。

    c. 重复步骤(a)和(b)，直到每个数字都被圈出或划掉为止。

    d. 在你划掉的数字上六个颜色。

1	②	3	4̸	5	6̸	7	8̸	9	1̸0̸
11	1̸2̸	13	1̸4̸	15	1̸6̸	17	1̸8̸	19	2̸0̸
21	2̸2̸	23	2̸4̸	25	2̸6̸	27	2̸8̸	29	3̸0̸
31	3̸2̸	33	3̸4̸	35	3̸6̸	37	3̸8̸	39	4̸0̸
41	4̸2̸	43	4̸4̸	45	4̸6̸	47	4̸8̸	49	5̸0̸
51	5̸2̸	53	5̸4̸	55	5̸6̸	57	5̸8̸	59	6̸0̸
61	6̸2̸	63	6̸4̸	65	6̸6̸	67	6̸8̸	69	7̸0̸
71	7̸2̸	73	7̸4̸	75	7̸6̸	77	7̸8̸	79	8̸0̸
81	8̸2̸	83	8̸4̸	85	8̸6̸	87	8̸8̸	89	9̸0̸
91	9̸2̸	93	9̸4̸	95	9̸6̸	97	9̸8̸	99	1̸0̸0̸

除数字2外，我划掉2的所有倍数。

单位的故事 第二十五课家庭作业助手 4•3

我圈出3，因为它是下一个没有圈出或划掉的数字。除数字3外，我划掉3的所有倍数。我以三跳数求出倍数。

第二十五课： 通过使用倍数，探讨质数和合数到100的特性。

单位的故事　　　　　　　　　　　　　　　第二十五课家庭作业助手　4•3

> 我继续该过程,首先是5的倍数,然后是7的倍数。

> 我圈出11,因为11是下一个没有圈出或划掉的数字。我注意到11的倍数已经被划掉。

> 我不必划掉13的倍数,因为它们已经被划掉了。

> 我意识到,当我圈出尚未划掉的其他任何数字时,它们的倍数都已经被划掉了。

> 我着色每个划掉的数字。

> 我看到这个过程可以帮助我求出1到100之间质数和1到100之间合数的数字。

第二十五课：　通过使用倍数,探讨质数和合数到100的特性。

姓名 _____ 日期 _____

1. 一名学生使用厄所有小于100只要数。创说明怎么显示如何完成。在编写说明时，请使用词库来指导您的思考。有些词可能仅使用一次，有些要多次使用，有些不用用。

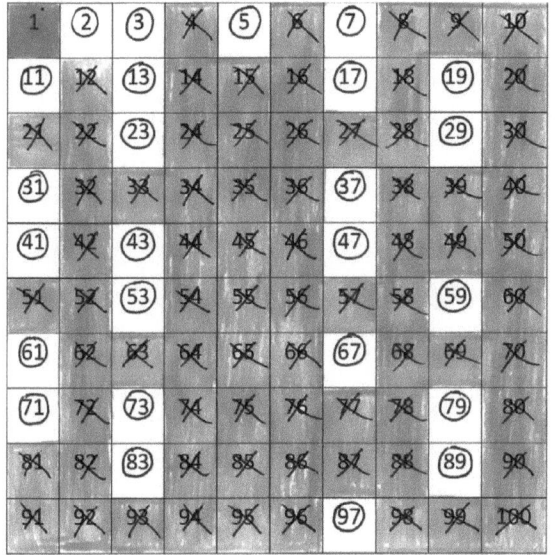

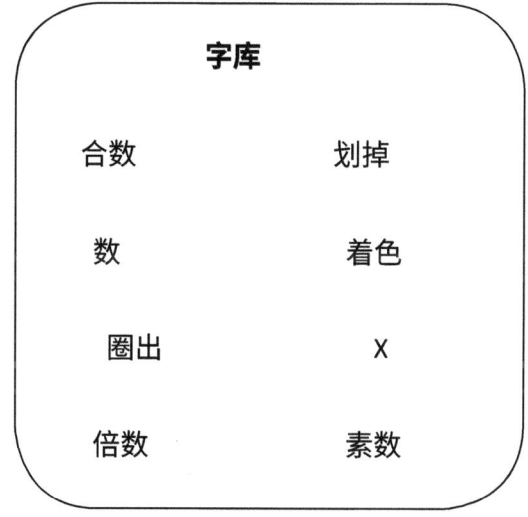

字库

合数	划掉
数	着色
圈出	X
倍数	素数

完成厄拉多塞筛选法的方法说明：

2. 被划掉的所有数字有什么共同点?

3. 所有圈出的数字有什么共同点?

4. 有一个数字既没有被划掉也没有被圈出。这个数字为什么不一样?

单位的故事　　　　　　　　　　　　　　　　　　　　　　　第二十六课家庭作业助手　4•3

1. 绘制位值磁盘以表示以下习题。用单位形式重写每个并求解。

    a. 80 ÷ 4 = __20__

    8个十 ÷ 4 = __2个十__

    2个十与20相同。

    我将8个十分配进入4组。每组有2个十。

    b. 800 ÷ 4 = __200__

    __8个一百__ ÷ 4 = __2个一百__

    我将800以单位形式视作8个一百。

    将800个平均分为4组是200。

    c. 150 ÷ 3 = __50__

    __15 tens__ ÷ 3 = __5 tens__

    我把150看作1个一百5个十，但这并不能帮助我进行除法，因为我无法将百位数磁盘划分为三个相等的组。为了帮助我除以，我把150视为15个十。

    d. 1,500 ÷ 3 = __500__

    __15个一百__ ÷ 3 = __5个一百__

    就像上面的题一样，除了单位是百位数而不是十位数。

第二十六课：　将10、100和1,000的倍数除以一位数字。　　　241

2. 求出商数。用单位形式重写每个商数。

a. $900 \div 3 = \mathbf{300}$	b. $140 \div 2 = \mathbf{70}$	c. $1,500 \div 5 = \mathbf{300}$	d. $200 \div 5 = \mathbf{40}$
9 个一百 ÷ 3 = 3 个一百	14 个十 ÷ 2 = 7 个十	15 个一百 ÷ 5 = 3 个一百	20 个十 ÷ 5 = 4 个十

> 这些习题与我刚才所做的非常相似。区别在于我不绘制磁盘。我以单位形式重写数字以帮助求解。

3. 一家冰淇淋店八月份卖了 $2,800 的冰淇淋，是五月份出售的4倍。五月份冰淇淋店售出了多少冰淇淋？

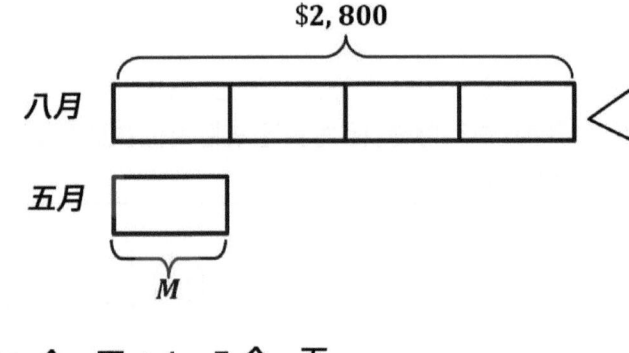

> 我绘制了一个带形图以显示8月和5月的冰淇淋销售情况。8月的带形是5月的4倍长。2,800的单位形式是28个一百。如果4个单位是28个一百，则1个单位必须是28个一百 h-4。由于5月份等于1个单位，因此5月份的冰淇淋销售额为700美元。

28 个一百 ÷ 4 = 7 个一百

$ 700 是冰淇淋店在5月售出的冰淇淋。

姓名 _____ 日期 _____

1. 绘制位值磁盘以表示以下习题。用单位形式把每个商数重写即并求解。

   a. 6 ÷ 3 = _____

      6个一 ÷ 3 = _____ 个一

      ① ① ① ① ① ①

   b. 60 ÷ 3 = _____

      6个十 ÷ 3 = _____

   c. 600 ÷ 3 = _____

      _____ ÷ 3 = _____

   d. 6,000 ÷ 3 = _____

      _____ ÷ 3 = _____

2. 绘制位值磁盘以表示每道习题。用单位形式把每道题重写并求解。

   a. 12 ÷ 4 = _____

      12个一 ÷ 4 = _____ 个一

   b. 120 ÷ 4 = _____

      _____ ÷ 4 = _____

   c. 1,200 ÷ 4 = _____

      _____ ÷ 4 = _____

第二十六课： 将10、100和1,000的倍数除以一位数字。

3. 求出商数。用单位形式把每道题重写。

a. $800 \div 4 = 200$ 8个一百 ÷ 4 = 两百	b. $900 \div 3 = $ _____	c. $400 \div 2 = $ _____	d. $300 \div 3 = $ _____
e. $200 \div 4 = $ _____ 20个十 ÷ 4 = 十位数	f. $160 \div 2 = $ _____	g. $400 \div 5 = $ _____	h. $300 \div 5 = $ _____
i. $1{,}200 \div 3 = $ _____ 12个一百 ÷ 3 = ___ 百位数	j. $1{,}600 \div 4 = $ _____	k. $2{,}400 \div 4 = $ _____	l. $3{,}000 \div 5 = $ _____

4. 由5辆消防车组成的车队总共运送20,000升水。如果每辆卡车装有相同数量的水，每辆卡车载有多少升水？

5. 杰米喝的果汁是布罗迪的4倍。杰米喝了280毫升果汁。布罗迪喝了多少果汁？

6. 一家餐厅在6月份卖了2400美元的薯条，是5月份销量的4倍。这家餐厅五月份卖了多少美元的炸薯条？

单位的故事 第二十七课家庭作业助手 4•3

除法。使用位值磁盘进行建模,然后用算法记录你的答案。
426 ÷ 3

百位数	十位数	个位数
• • • •	• •	• • • • • •

> 我将426表示为4个一百2个十6个一。

> 我在图表上腾出空间,将磁盘分配进入3个相等的组。

百位数	十位数	个位数
~~•~~ ~~•~~ ~~•~~ ⊙	• •	• • • • • •
•		
•		
•		

> 我记得从第16课开始,以最大的单位开始做除法。

> 四个一百除以3就是1个一百。

> 每组1个一百次乘以3组即3个一百。

> 我们从4个一百开始,平均除以3个一百。我已经圈了剩下的1个一百。

第二十七课: 代表并解决最多三位数的除法问题数值上的分红,并需要地方值光盘分解数百个地方的余数。

247

百位数	十位数	个位数
●●● ●	●● ●●●●● ●●●	●●●●● ●
●		
●		
●		

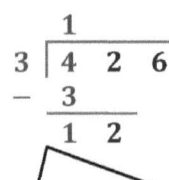

我从第17课中记得，当剩余的单位无法被除时，我将其分解为下一个最小单位的10。因此，1个一百分解为10个十。现在有12个十二可以进行除法。

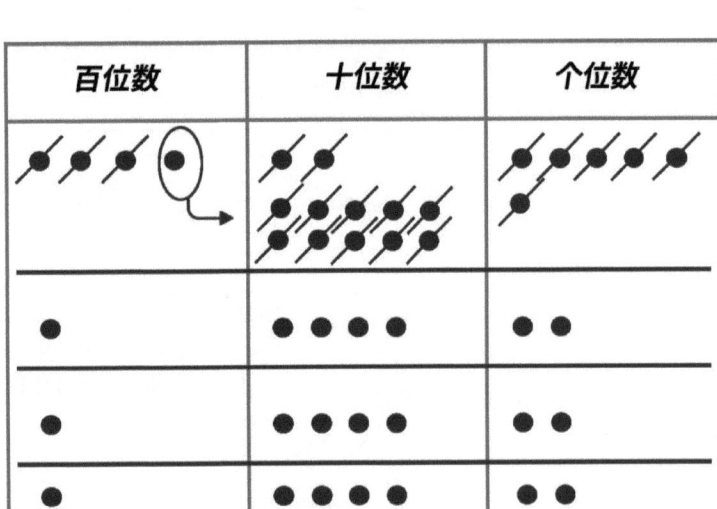

我继续分配十位数和个位数，并记录算法的每一步。

1个一百 4个十 2个一

每组中的值等于商。

姓名 _____ 日期 _____

1. 除法。使用位值磁盘为每道题建模。

   a. 346 ÷ 2

   b. 528 ÷ 2

c. 516 ÷ 3

d. 729 ÷ 3

2. 使用位值磁盘进行建模，然后记录你的算法。

a. 648 ÷ 4

磁盘   算法

b. 755 ÷ 5

磁盘   算法

c. 964 ÷ 4

磁盘   算法

1. 除法。用乘法检查看你的答案对不对。根据需要在位值图表上绘制磁盘。

   a. 217 ÷ 4

   商 = 54
   余数 = 1

   ```
        5  4
     ×     4
     ─────────
     2  1  6
   ```

   ```
     2  1  6
   +        1
   ─────────
     2  1  7
   ```

   我通过将商与除数相乘来检查答案,然后将余数相加。我的217的答案与除法表达式中的整体匹配。

   我不能在4组中平均分配2个一百。我把每个百位数分解成10个十。现在我有21个十。

   b. 743 ÷ 3

   ```
           2  4  7  R2
        ┌──────────
      3 │ 7  4  3
        -  6
        ──────
           1  4
        -  1  2
           ──────
              2  3
           -  2  1
              ──────
                 2
   ```

   ```
       2  4  7          7  4  1
    ×        3        +       2
    ─────────         ─────────
       7  4  1          7  4  3
   ```

   记录算法的步骤时,我在位置值图表上形象化每个步骤。

2. 康斯坦斯围绕正方形场地的4边跑了620米。场地每边多长？

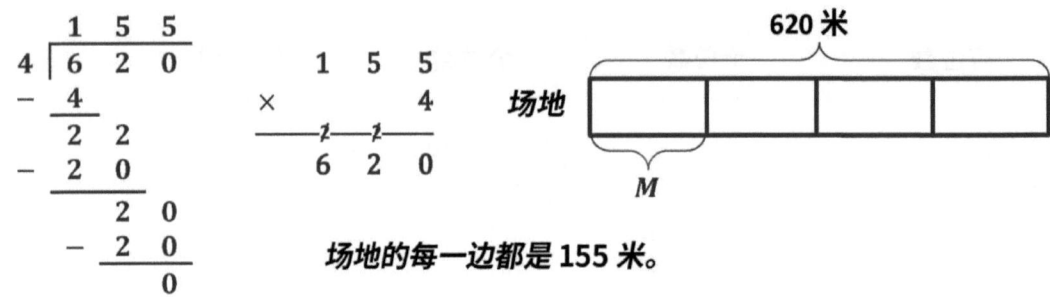

场地的每一边都是155米。

姓名 _____ 日期 _____

1. 除法。用乘法检查你的答案对不对噢。根据需要在位值图表上绘制磁盘。

   a. 378 ÷ 2

   b. 795 ÷ 3

   c. 512 ÷ 4

d. 492 ÷ 4

e. 539 ÷ 3

f. 862 ÷ 5

g. 498 ÷ 3

h. 783 ÷ 5

i. 621 ÷ 4

j. 531 ÷ 4

2. 赛琳娜的2条狗完成了932米长的障碍训练。路线共有4个部分，各部分的长度相等。障碍训练的每部分有多长？

1. 除以，然后使用乘法检查。

   $3,268 \div 4$

   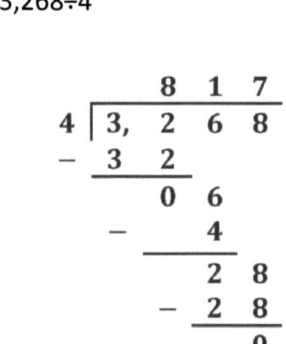

   正如我在第16、17、27和28课中学到的那样，我做除法。现在的挑战是整体更大，因此我使用长除法而不是使用位值图表来记录算法的步骤。

   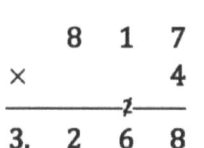

   我通过乘以商和除数来检查答案。乘积等于整体。

2. 学校买 3 盒铅笔。每个盒子有相等数量的铅笔。一共有 4,272 支铅笔。2盒里面有几支铅笔？

   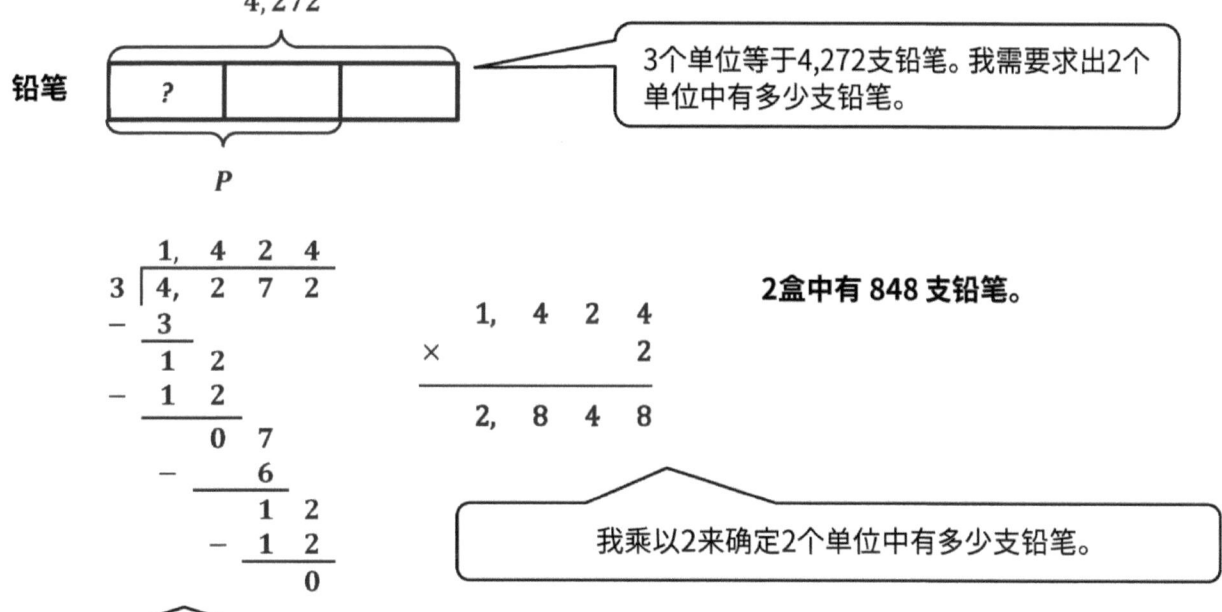

   3个单位等于4,272支铅笔。我需要求出2个单位中有多少支铅笔。

   2盒中有 848 支铅笔。

   我乘以2来确定2个单位中有多少支铅笔。

   通过将4 272除以3，我求出1个单位有多少支铅笔。1个单位中有1 424支铅笔。

姓名 _____　　日期 _____

1. 除以，然后使用乘法检查。

a. 2,464 ÷ 4

b. 1,848 ÷ 3

c. 9,426 ÷ 3

d. 6,587 ÷ 2

e. 5,445 ÷ 3

f. 5,425 ÷ 2

g. 8,467 ÷ 3

h. 8,456 ÷ 3

i. 4,937 ÷ 4

j. 6,173 ÷ 5

2. 一辆卡车有4箱苹果。每个箱子都有相等数量的苹果。卡车总共载有1,728个苹果。3个箱子中有多少个苹果？

单位的故事　　　　　　　　　　　　　　第三十课家庭作业助手　4·3

除法。乘以检查看答案对不对。

1. 705 ÷ 2

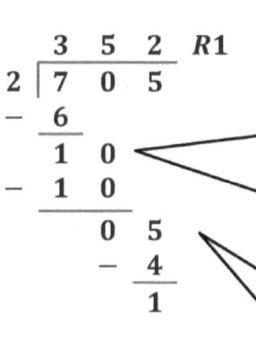

我把一个一百分成10个十。没有其他十位数可以分配。所以我一直做除法，这次是十位数

一旦我除以10个十，就没有剩余十位数了。但是我必须继续做除法。仍然有5个一要除。

2. 6,250 ÷ 5

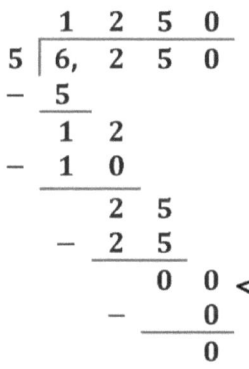

这次我做除法时，没有个位数要分配了。0个一除以5就是0。我将0放在商的个位数位置，以表示没有1。

3. 3,220 ÷ 4

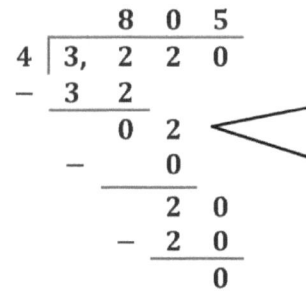

2个十不能平均除以4，所以我在商中记录了0个十。但是我必须继续算法的步骤：0个十乘以4等于0个十。2个十减去0个十就是2个十。

第三十课：　解决分红为零或分红为零的除法问题商。

265

姓名 _____   日期 _____

除法。乘以检查看答案对不对。

1. 409 ÷ 5

2. 503 ÷ 2

3. 831 ÷ 4

4. 602 ÷ 3

第三十课: 解决分红为零或分红为零的除法问题商。

5. 720 ÷ 3

6. 6,250 ÷ 5

7. 2,060 ÷ 5

8. 9,031 ÷ 2

9. 6,218 ÷ 4

10. 8,000 ÷ 4

求解以下习题。绘制带形图以帮助你求解。确定组的大小或组数是否未知。

1. 700 升水平均分配在4个水族馆。每个水族馆有多少升水?

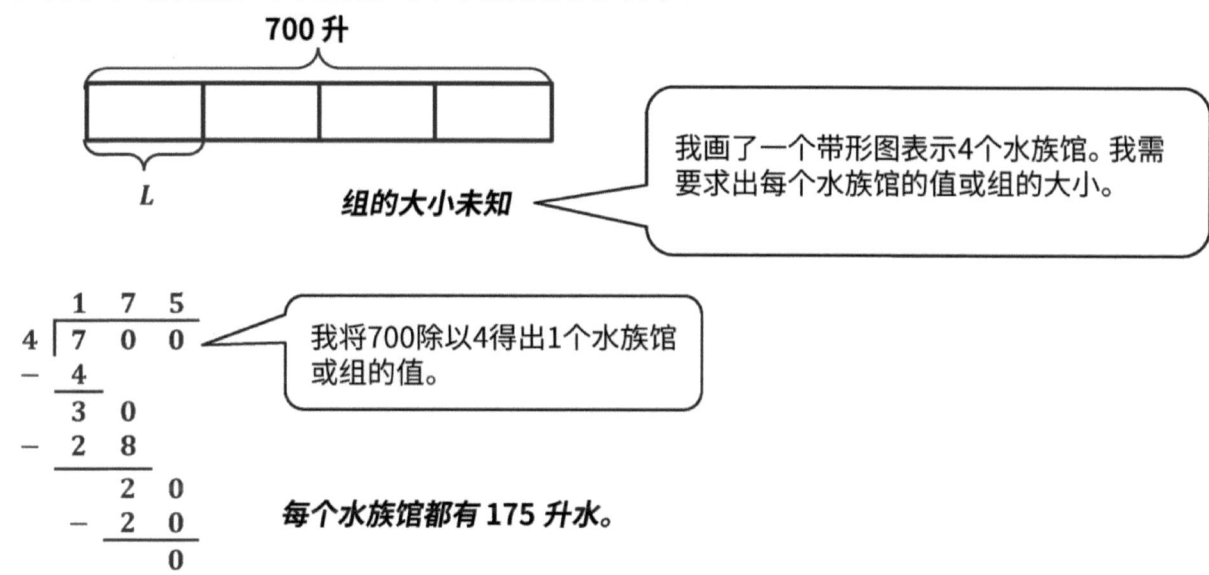

2. 艾玛将 824 个甜甜圈分装成盒子。每盒装 4 个甜甜圈。艾玛装满了多少盒甜甜圈?

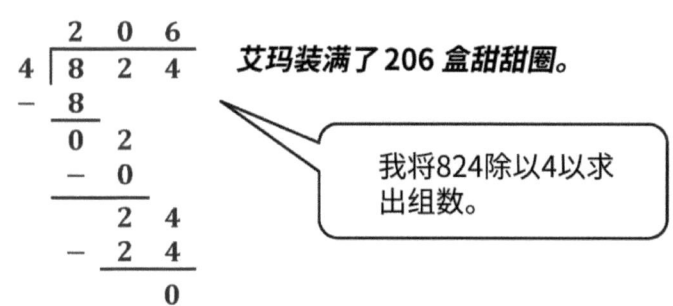

姓名 _____   日期 _____

求解以下习题。绘制带形图以帮助你求解。确定组的大小或组数是否未知。

1. 4个孩子平均分享500毫升果汁。每个孩子都有多少毫升果汁？

2. 凯利将618块饼干分成袋装。每个袋装3块饼干。凯利制作了多少袋饼干？

3. 杰夫每天骑单车都会按照同样的路程，他这样持续了5天。如果他总共骑了350英里，那么他每天骑多少英里？

4. 用机器将一块876英寸长的丝带切成4英寸长的条,制成蝴蝶结。切了几条?

5. 五个火星人平均分享1,940个Groblarx水果。3个火星人会得到多少个Groblarx水果?

求解以下习题。绘制带形图以帮助你求解。如果有一个余数,则着色带状图的一小部分以代表其整个部分。

1. 小丑有 1,649 个气球,而需要 8 个气球制作气球动物。小丑能制作多少只气球动物?

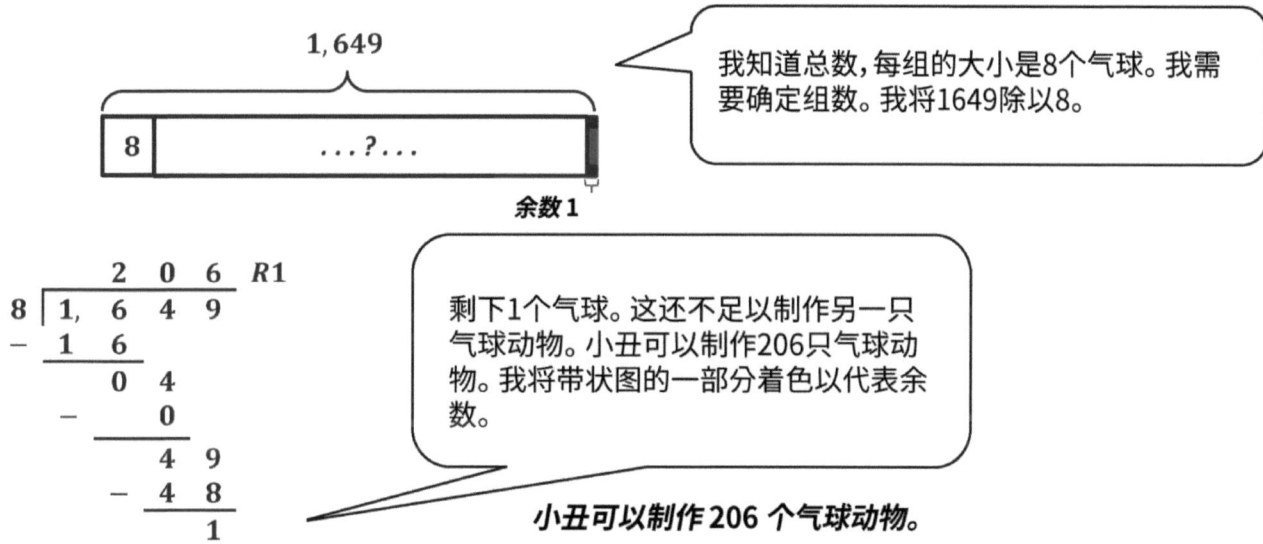

小丑可以制作 206 个气球动物。

2. 在 7 天内,卡西迪一共投球 609 次。如果她每天都投相同数量的球,那么一天之内要投多少次球?

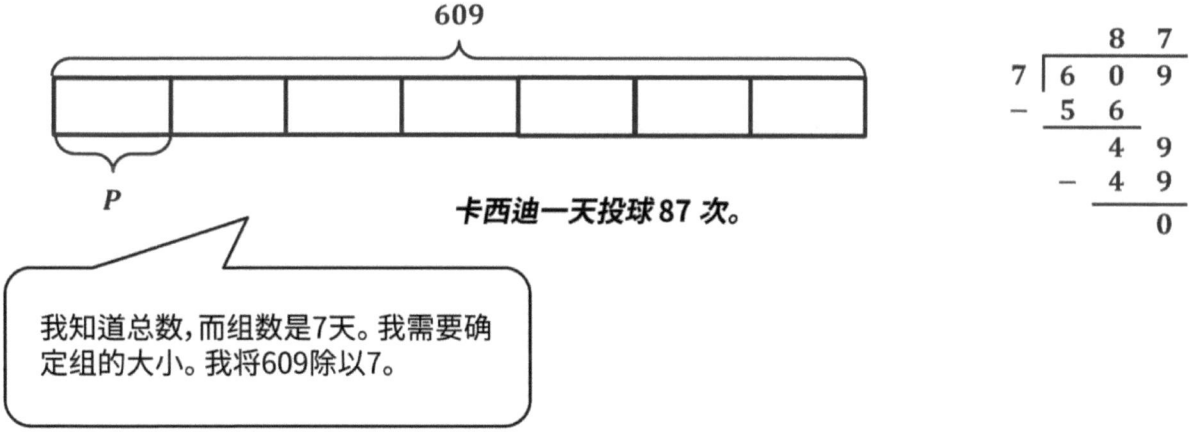

卡西迪一天投球 87 次。

姓名 _____   日期 _____

求解以下习题。绘制带形图来求解。如果有一个余数，则着色带状图的一小部分以代表其整个部分。

1. 梅内卡买了435份派对礼物，送给她的生日派对客人。她计算出可以给每位客人9份派对礼物。她邀请了多少客人？

2. 4,000支铅笔捐赠给了一所小学。如果8个教室平均分配铅笔，每个班级有多少支铅笔？

3. 将2008千克土豆包装为重8千克一袋的麻袋中。有多少麻袋打包？

第三十二课： 解释并找到整数商和余数来求解较大除数为6、7、8和9的单步除法问题

4. 一位面包师制作了7批松饼。一共有252个松饼。如果每批松饼有相同数量,一批中有多少个松饼?

5. 萨曼莎在7天内跑了3,003米。如果她每天跑相同的距离,萨曼莎3天跑了多远?

1. 泰勒通用制该面积模型解决了除法题。

	300	50	9
4	1,200	200	36

> 总面积为1,200 + 200 + 36 = 1,436。宽度是4。长度为300 + 50 + 9 = 359。
> $A \div w = l$。

a. 他解决了什么分裂问题？

泰勒解决了 1,436 ÷ 4 = 359。

b. 显示一个数字键以表示泰勒的面积模型，并使用分配律表示总长度。

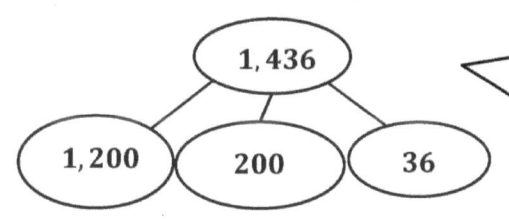

> 我的数字键显示的整体和部分与面积模型相同。为了表示长度，我将每个较小的面积除以宽度4。

$(1,200 \div 4) + (200 \div 4) + (36 \div 4)$

=   300   +   50   +   9

=   359

2.

a. 画一个面积模型来求解 591 ÷ 3。

	100	90	7
3	300	270	21

> 我将591的面积分解为较小的部分，易于除以3。我从百位数开始。我分配3个一百。剩余要分配的面积是291。我分配27个十。剩下要分配的面积是21个一。我分配个位数。我的边长为100 + 90 + 7 = 197。

$591 \div 3 = 197$

> 3个一百，27个十和21个一都是3的倍数，即宽度和除数。

b. 画一个数字键来代表这道题。

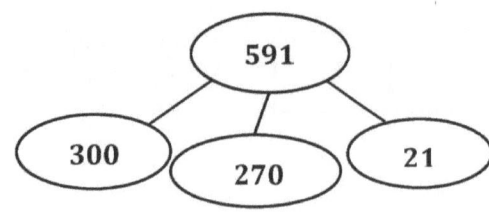

$(300 \div 3) + (270 \div 3) + (21 \div 3)$

$= \quad 100 \quad + \quad 90 \quad + \quad 7$

$= \quad 197$

我的数字键显示的整体和部分与面积模型相同。为了表示长度，我将每个较小的面积除以宽度3。我得到100+ 90+ 7 = 197。

c. 使用长除法算法来解题。

$$\begin{array}{r} 197 \\ 3\overline{\smash{)}591} \\ -\underline{3} \\ 29 \\ -\underline{27} \\ 21 \\ -\underline{21} \\ 0 \end{array}$$

姓名 _____ 日期 _____

1. 阿拉贝拉通过绘制面积模型求解以下除法题。

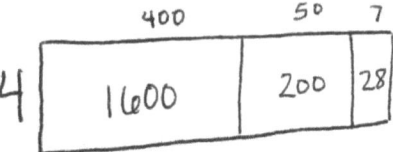

   a. 她求解了什么除法题?

   b. 显示一个数字键以表示阿拉贝拉的面积模型,并使用分配律表示总长度。

---

2. a. 使用面积模型求解816 ÷ 4。这道题没有余数。

   b. 画一个数字键并使用书面方法记录你题(a)中的解题方法。

3. a. 绘制面积模型以求解 549 ÷ 3。

   b. 画一个数字键来代表这个问题。

   c. 使用长除法算法来解题。

4. a. 画一个面积模型求解 2,762 ÷ 2。

   b. 画一个数字键来代表这个问题。

   c. 使用长除法算法来解题。

1. 使用结合律重写每个表达式。使用磁盘求解，然后完成数字算式。

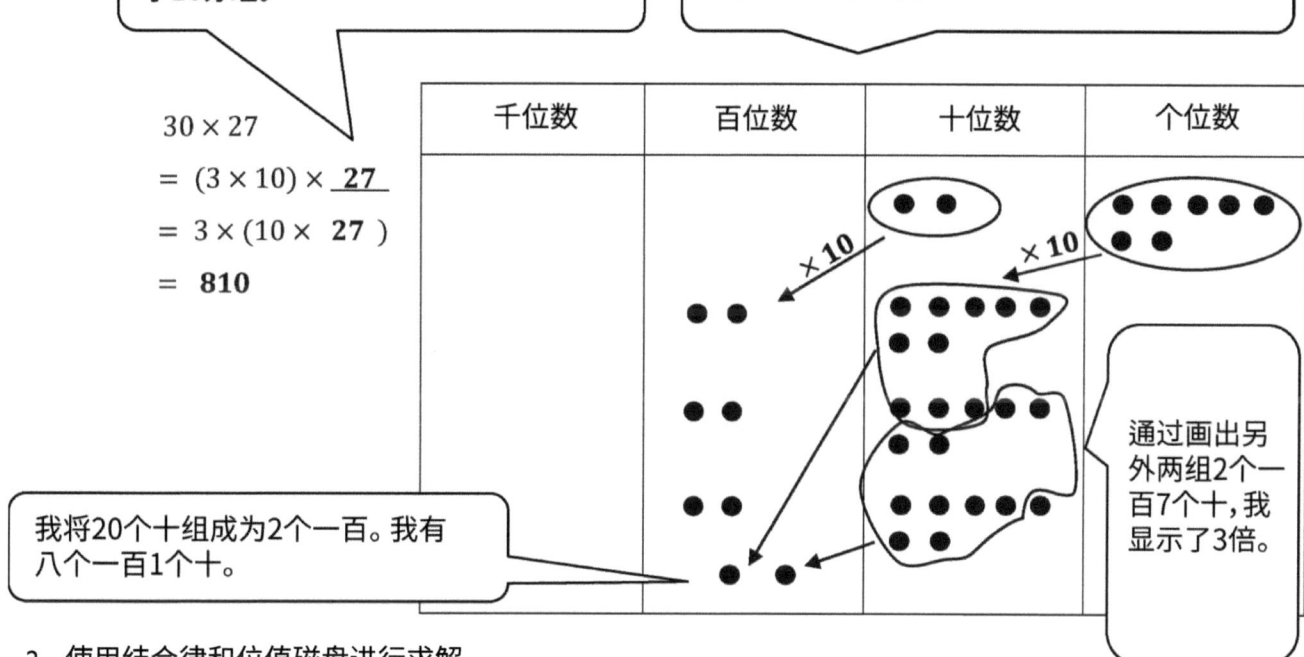

2. 使用结合律和位值磁盘进行求解。

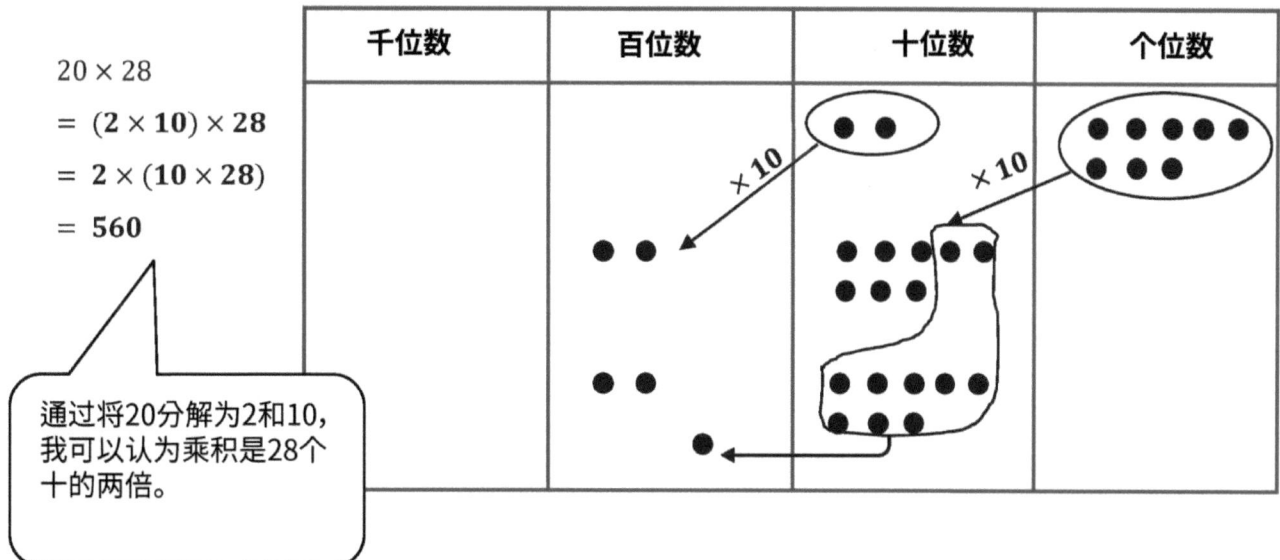

3. 使用不含位值磁盘的结合律来求解。

60×54
$= (6 \times 10) \times 54$
$= 6 \times (10 \times 54)$
$= 3,240$

```
      5  4  0
  ×         6
  ─────────────
   3, 2  4  0
```

> 我将60重视为6 x 10。54个一的十倍是54个十。我将540乘以6。

4. 使用分配律求解以下习题。分配第二因数。

40×56
$= (40 \times 50) + (40 \times 6)$
$= 2,000 + 240$
$= 2,240$

> 我使用单位语言来帮助我心算求解。四个十乘以5个十等于20个一百。而4个十乘以6个一就是24个十。

单位的故事   第三十四课家庭作业   4•3

姓名 _____   日期 _____

1. 使用结合律重写每个表达式。使用磁盘求解，然后解题。

   a. 20 × 34

        = (____ × 10) × 34

        = ____ × (10 × 34)

        = _____

百位数	十位数	个位数

   b. 30 × 34

        = (3 × 10) × _____

        = 3 × (10 × ____)

        = _____

千位数	百位数	十位数	个位数

   c. 30 × 42

        = (3 × ____) × _____

        = 3 × (10 × ____)

        = _____

千位数	百位数	十位数	个位数

第三十四课： 使用位值图表将10的两位数倍数乘以两位数。

2. 使用结合律和位值磁盘进行求解。
   a. 20 × 16

   b. 40 × 32

3. 使用不含位值磁盘的结合律来求解。
   a. 30 × 21

   b. 60 × 42

4. 使用分配律求解以下习题。把第二个因数分配好。
   a. 40 × 43

   b. 70 × 23

1. 使用面积模型来表示以下表达式。然后，垂直记录部分乘积并求解。

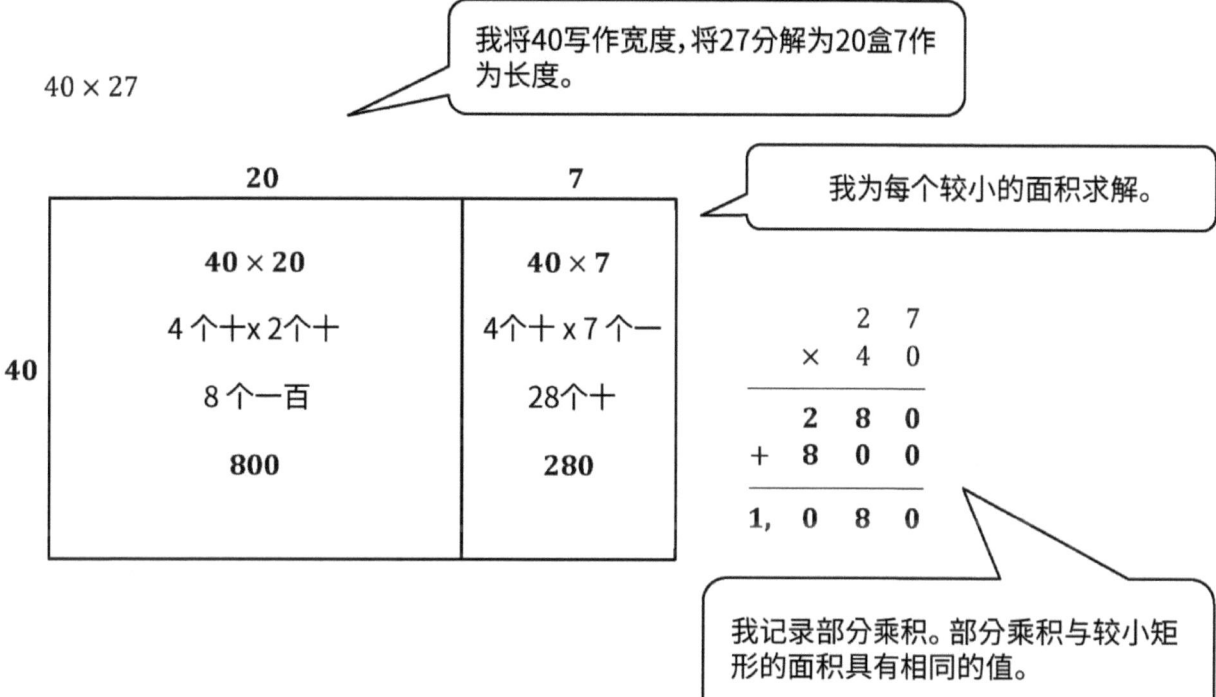

40×27

我将40写作宽度，将27分解为20盒7作为长度。

我为每个较小的面积求解。

我记录部分乘积。部分乘积与较小矩形的面积具有相同的值。

2. 形象化面积模型，并以数值求解以下表达式。

30×66

```
      6 6
  ×   3 0
  ─────────
      1 8 0
+ 1, 8 0 0
  ─────────
  1, 9 8 0
```

为了解决这道题，我将面积模型形象化。我将宽度视作30，长度为60 + 6。3个十 × 6个一 = 18个十。3个十 × 6个十 = 18个一百。我记录部分乘积。我求出总数。180 + 1,800 = 1,980。

第三十五课： 使用面积模型将10的两位数倍数乘以两位数。

姓名 _____ 日期 _____

使用面积模型表示以下表达式。然后，记录部分乘积并求解。

1. 30 × 17

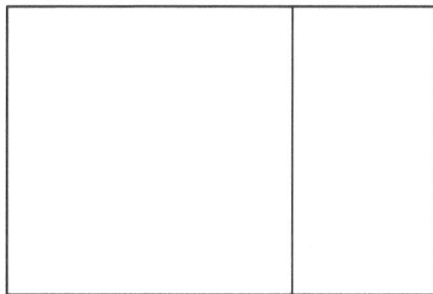

```
    1 7
×   3 0
_____

+ _____
_____
```

2. 40 × 58

```
    5 8
×   4 0
_____

+ _____
_____
```

3. 50 × 38

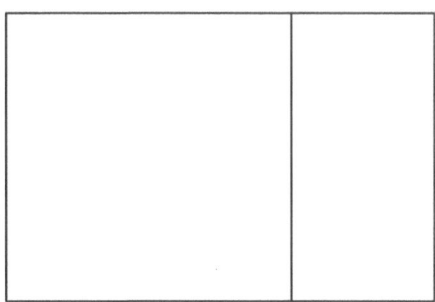

```
    3 8
×   5 0
_____

+ _____
_____
```

第三十五课： 使用面积模型将10的两位数倍数乘以两位数。

绘制一个面积模型来表示以下表达式。然后，垂直记录部分乘积并和求解。

4. 60 × 19

5. 20 × 44

形象化面积模型，并以数值求解以下表达式。

6. 20 × 88

7. 30 × 88

8. 70 × 47

9. 80 × 65

1.
   a. 在下图所示的两个模型中，写出表达式，求解四个小矩形的面积。

   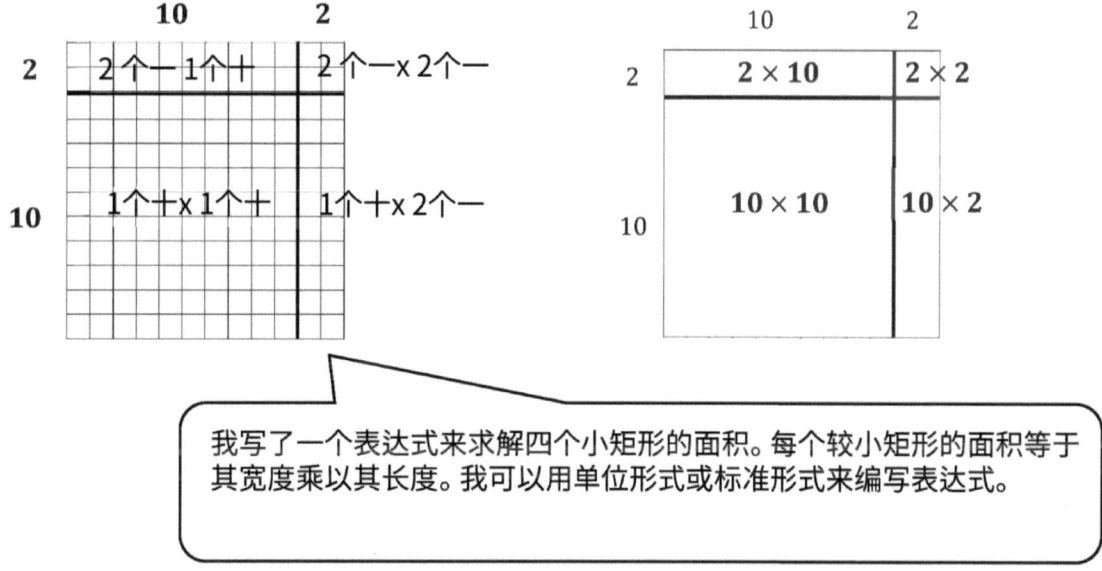

   > 我写了一个表达式来求解四个小矩形的面积。每个较小矩形的面积等于其宽度乘以其长度。我可以用单位形式或标准形式来编写表达式。

   b. 使用分配律，将大矩形的面积重写为四个小矩形面积的和。首先以数字形式表示面积，然后以单位形式阅读。

   $12 \times 12 = (2 \times \underline{2}) + (2 \times \underline{10}) + (10 \times \underline{2}) + (10 \times \underline{10})$

   > 我写了一个表达式来求解四个小矩形的面积。我用了一个面积模型来解："12 x 12 = (2个一 x 2个一) + (2个一 x 1个十) + (1个十 x 2个一) + (1个十 x 1个十)。"

第三十六课： 使用四个部分乘积将两位数乘以两位数。

2. 使用面积模型来表示以下表达式。垂直记录部分乘积并求解。

15 × 33

	30	3
5	5个一 x 3个十	5个一 x 3个十
10	1个十 x 3个十	1个十 x 3个一

```
      3 3
   ×  1 5
   ───────
      1 5
    1 5 0
      3 0
  + 3 0 0
   ───────
    4 9 5
```

> 我写了一个表达式来求解四个小矩形的面积。我垂直记录每个部分乘积。我求出四个较小矩形的面积之和。

3. 想象一下一个面积模型，并使用四个部分乘积求解以下习题的数字。
（如果有帮助，可以绘制面积模型。）

```
      3 7
   ×  1 3
   ───────
      2 1
    9 0 0
      7 0
  + 3 0 0
   ───────
    4 8 1
```
（带下标 1）

	30	7
3	3个一 x 3个十	3个一 x 7个一
10	1个十 x 3个十	1个十 x 7个一

> 为了解这道题，我想象了一个面积模型，记录了部分乘积，求出了总数。

姓名 _____ 日期 _____

1. a. 在下图所示的两个模型中，写出表达式，求解四个小矩形的面积。

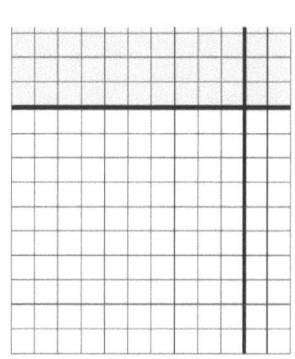 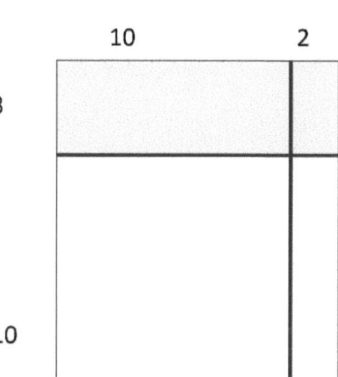

   b. 使用分配律，将大矩形的面积重写为四个较小矩形面积之和。首先以数字形式表达，然后以单位形式表达。

   13 × 12 = (3 × _____) + (3 × _____) + (10 × _____) + (10 × _____)

使用面积模型来表示以下表达式。记录部分乘积并求解。

2. 17 × 34

```
    3 4
  × 1 7
  _____
  _____
+ _____
  _____
```

第三十六课：　使用四个部分乘积将两位数乘以两位数。

绘制面积模型来表示以下表达式。垂直记录部分乘积并求解。

3. 45 × 18

4. 45 × 19

形象化面积模型,并使用四个部分乘积求解以下习题。(可以画一个面积模型,如果有帮助的话)。

5. 12 × 47

6. 23 × 93

7. 23 × 11

8. 23 × 22

单位的故事　　　　　　　　　　　　　　第三十七课家庭作业助手　4•3

1. 使用4个部分乘积和2个部分乘积求解 37 × 54。求解时，请记住用单位进行思考决。编写一个表达式以求出面积模型中每个较小矩形的面积。将每个部分乘积与其模型上的面积连接起来。

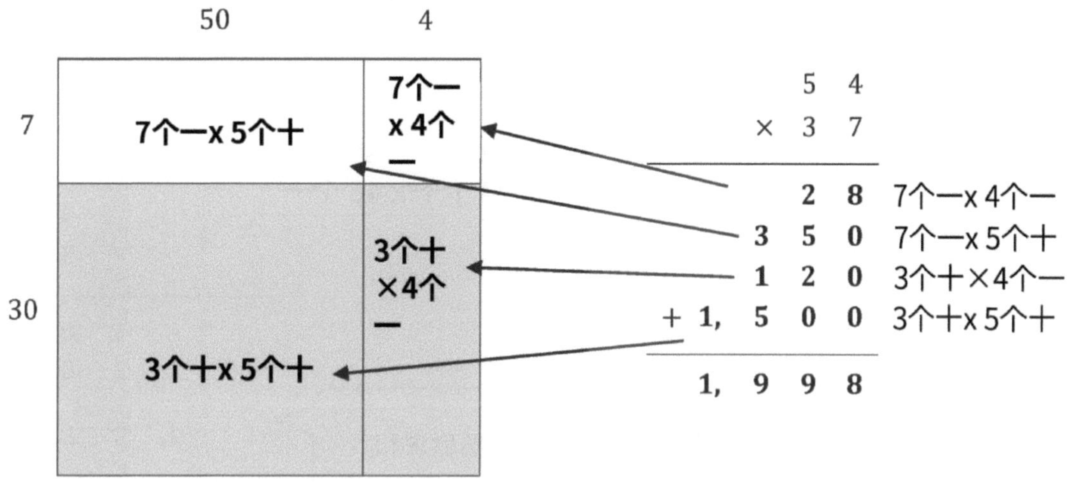

```
         50         4
      ┌────────┬────────┐
      │        │ 7个一  │          5 4
   7  │7个一×5个十│ ×4个  │       ×  3 7
      │        │  一    │       ────────
      ├────────┼────────┤          2 8    7个一×4个一
      │        │        │          3 5 0  7个一×5个十
      │        │3个十   │          1 2 0  3个十×4个一
  30  │        │ ×4个   │       + 1,5 0 0  3个十×5个十
      │3个十×5个十│  一  │       ────────
      │        │        │          1,9 9 8
      └────────┴────────┘
```

> 我使用4个部分乘积求解。就像我在第36课中所做的一样。

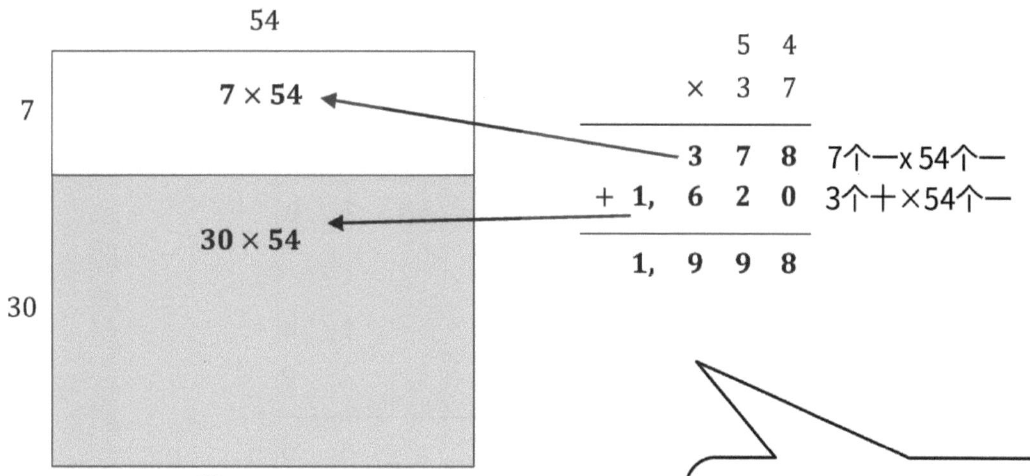

```
            54
      ┌───────────────┐              5 4
   7  │    7 × 54     │           ×  3 7
      │               │           ────────
      ├───────────────┤              3 7 8    7个一×54个一
      │               │           + 1,6 2 0   3个十×54个一
      │               │           ────────
  30  │   30 × 54     │              1,9 9 8
      │               │
      └───────────────┘
```

> 为了显示2个部分乘积，我组合了上部两个矩形的值，并组合了下部两个矩形的值。

> 我知道一个部分乘积由大矩形的白色部分表示。另一部分乘积由着色部分表示。

第三十七课：　从四个部分乘积转换为两位数乘以两位数乘法的标准算法。

2. 使用2个部分乘积和一个面积模型求解 38 × 46。将每个部分乘积与其在面积模型上的矩形连接起来。

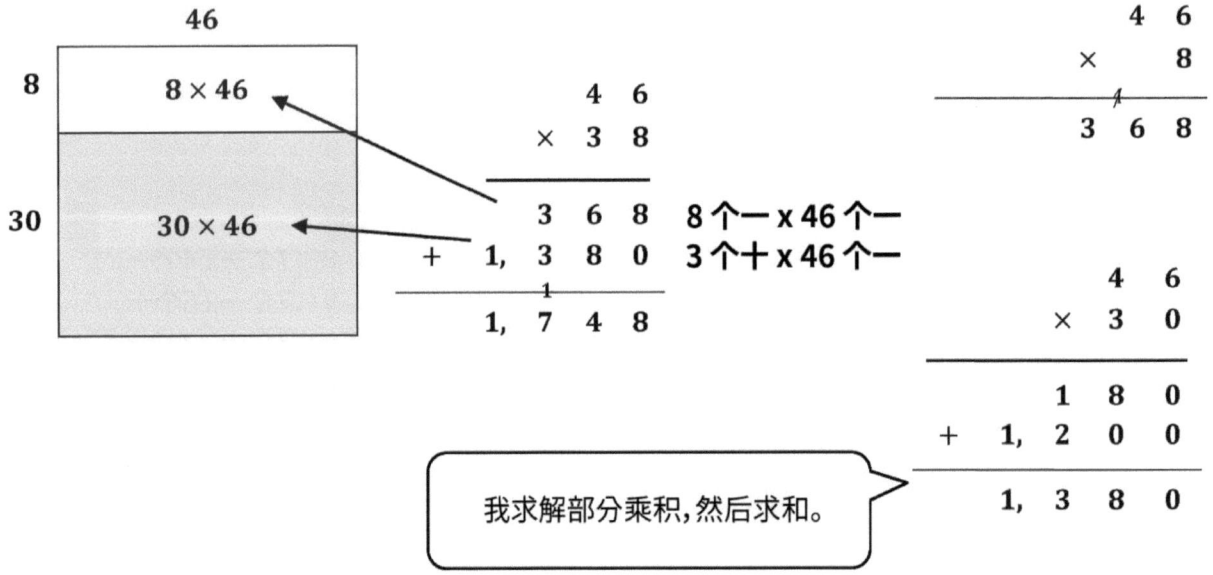

3. 使用2个部分乘积求解以下习题。可以想象一下一个面积模型。

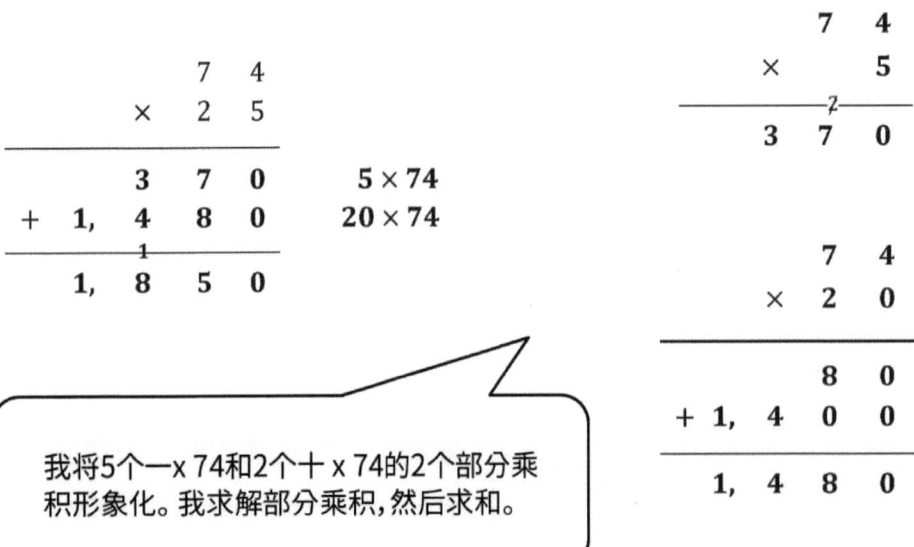

姓名 _____ 日期 _____

1. 使用4个部分乘积和2个部分乘积求解26 × 34。求解时，请记住用单位进行思考。编写一个表达式以求出面积模型中每个小矩形的面积。

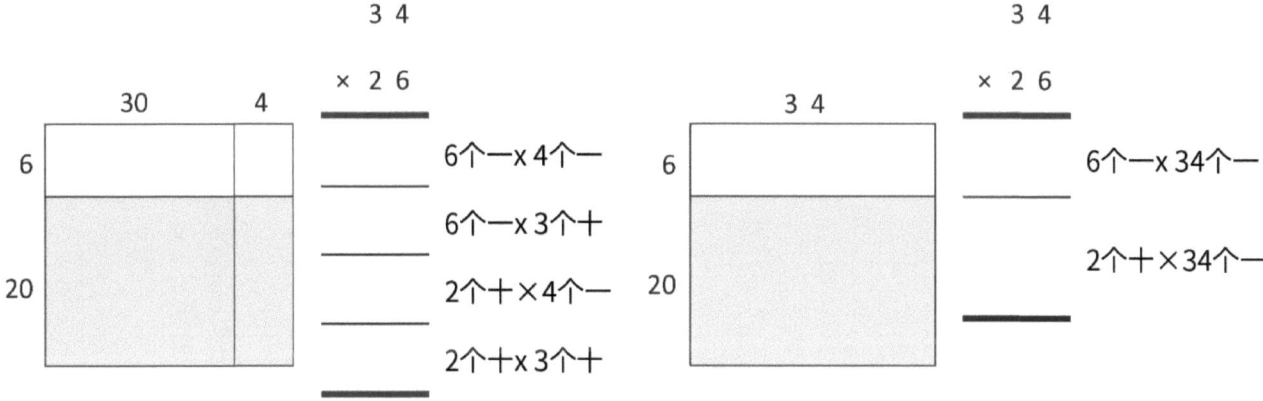

2. 使用4个部分乘积和2个部分乘积求解。求解时，请记住用单位进行思考。编写一个表达式以求出面积模型中每个小矩形的面积。

3. 使用2个部分乘积和一个面积模型求解52 × 26。将每个部分乘积与其在面积模型上的矩形连接起来。

4. 使用2个部分乘积求解以下习题。可以想象一下一个面积模型。

a. 　6 8
　× 　2 3
　―――――
　　　　＿＿＿ × ＿＿＿
　＿＿＿＿
　　　　＿＿＿ × ＿＿＿
　―――――

b. 　4 9
　× 　3 3
　―――――
　　　　＿＿＿ × ＿＿＿
　＿＿＿＿
　　　　＿＿＿ × ＿＿＿
　―――――

c. 　1 6
　× 　2 5
　―――――

d. 　5 4
　× 　7 1
　―――――

单位的故事　　　　　　　　　　　　　　　第三十八课家庭作业助手　4•3

1. 使用分配律将 38 × 53 表示为两个部分乘积并解题。

$38 \times 53 = (\underline{8}\ 个五十三) + (\underline{30}\ 个五十三)$

```
     5 3
  ×  3 8
  -------
     4 2 4      8 × 53
+ 1, 5 9 0     30 × 53
  -------
  2, 0 1 4
```

```
    5 3
  ×  8
  -----
   4 2 4
```

```
    5 3
  ×  3 0
  -----
   1, 5 9 0... 
```

（验证）
```
      9 0
+ 1, 5 0 0
  -------
  1, 5 9 0
```

我可以求解每个部分乘积，然后求出它们的和以验证我正确地求解了2位数乘2位数的算法。

2. 使用分配律将 34 × 44 表示为两个部分乘积并解题。

$34 \times 44 = (\underline{4} \times \underline{44}) + (\underline{30} \times \underline{44})$

```
     4 4
  ×  3 4
  -------
     1 7 6      4 × 44
+ 1, 3 2 0     30 × 44
  -------
  1, 4 9 6
```

```
    4 4
  ×   4
  -----
    1 7 6
```

```
    4 4
  ×  3 0
  -----
    1 2 0
+ 1, 2 0 0
  -------
  1, 3 2 0
```

第三十八课：从四个部分乘积转换为两位数乘以两位数乘法的标准算法。

3. 使用两个部分乘积求解以下习题。

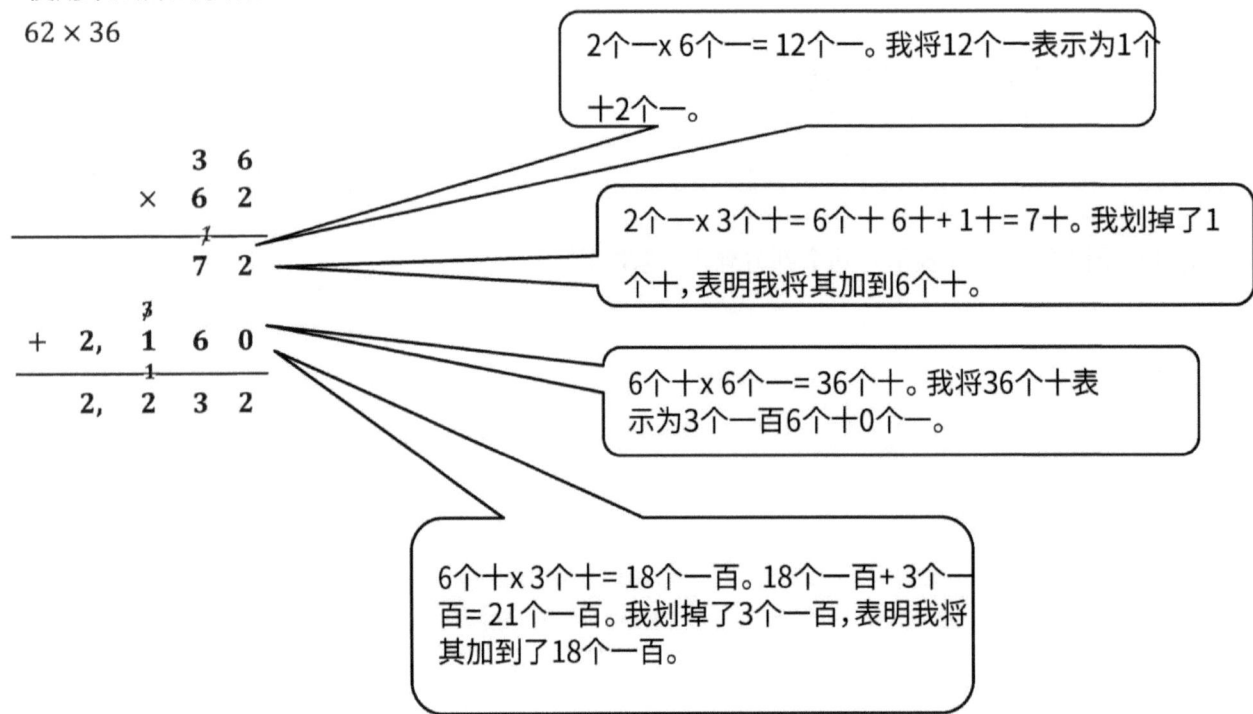

4. 使用乘法算法求解。

62 × 36

姓名 _____ 日期 _____

1. 使用分配律将26 × 43为表示为两个部分乘积并解题。

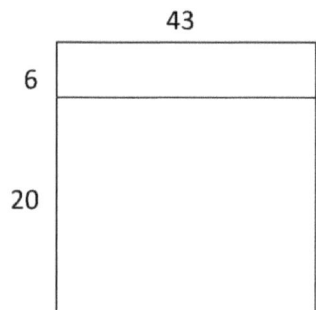

26 × 43 = (____ 四十三) + (____ 四十三)

```
    4 3
×   2 6
───────
           6 × ____
_____
          20 × ____
═══════
```

2. 使用分配律将47 × 63表示为两个部分乘积并解题。

47 × 63 = (____ 六十三) + (____ 六十三)

```
    6 3
×   4 7
───────
          ____ × ____
_____
          ____ × ____
═══════
```

3. 使用分配律将54 × 67表示为两个部分乘积并解题。

54 × 67 = (___ × ____) + (___ × ____)

```
    6 7
×   5 4
───────
          ____ × ____
_____
          ____ × ____
═══════
```

第三十八课: 从四个部分乘积转换为两位数乘以两位数乘法的标准算法。

4. 使用两个部分乘积来求解以下习题。

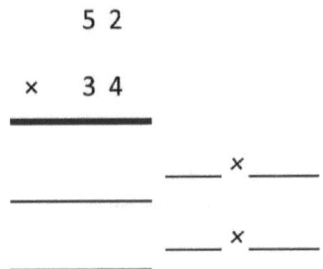

5. 使用乘法算法求解。

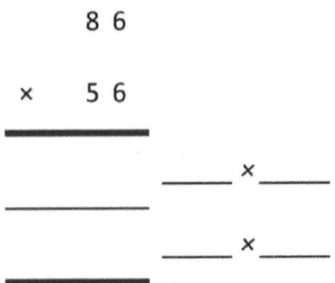

6. 54 × 52

7. 44 × 76

8. 63 × 63

9. 68 × 79

四年级

模块4

模块 4

四年级

1. 按照以下说明在下面的框中绘制图形。

   a. 画出两个点：J 和 K。

   b. 用直尺画 $\overleftrightarrow{JK}$. 　　我理解为"JK 线"。

   c. 在 $\overleftrightarrow{JK}$ 上画出一个新的点。将其标记为 L。

   d. 不在 $\overleftrightarrow{JK}$ 上画出一个点。将其标记为 M。

   e. 构建 $\overline{LM}$. 　　我理解为"LM 线段"。

   f. 使用已经标记的点命名两个角。　∠JLM, ∠MLK

   g. 通过绘制圆弧来指示角的位置，从而确定已标记的角。

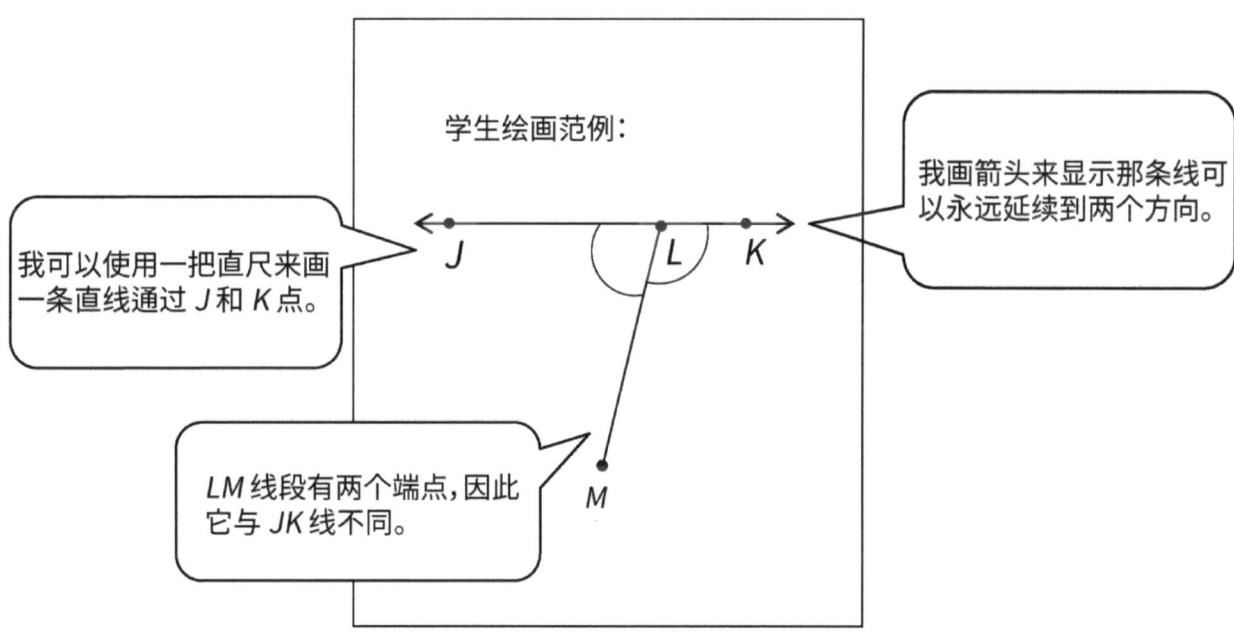

2.
   a. 观察下面熟悉的图形。在每个图形上标记一些点。
   b. 使用这些点来标记和命名下表中的以下各项：射线、线、线段和角。扩展线段以显示线和射线。

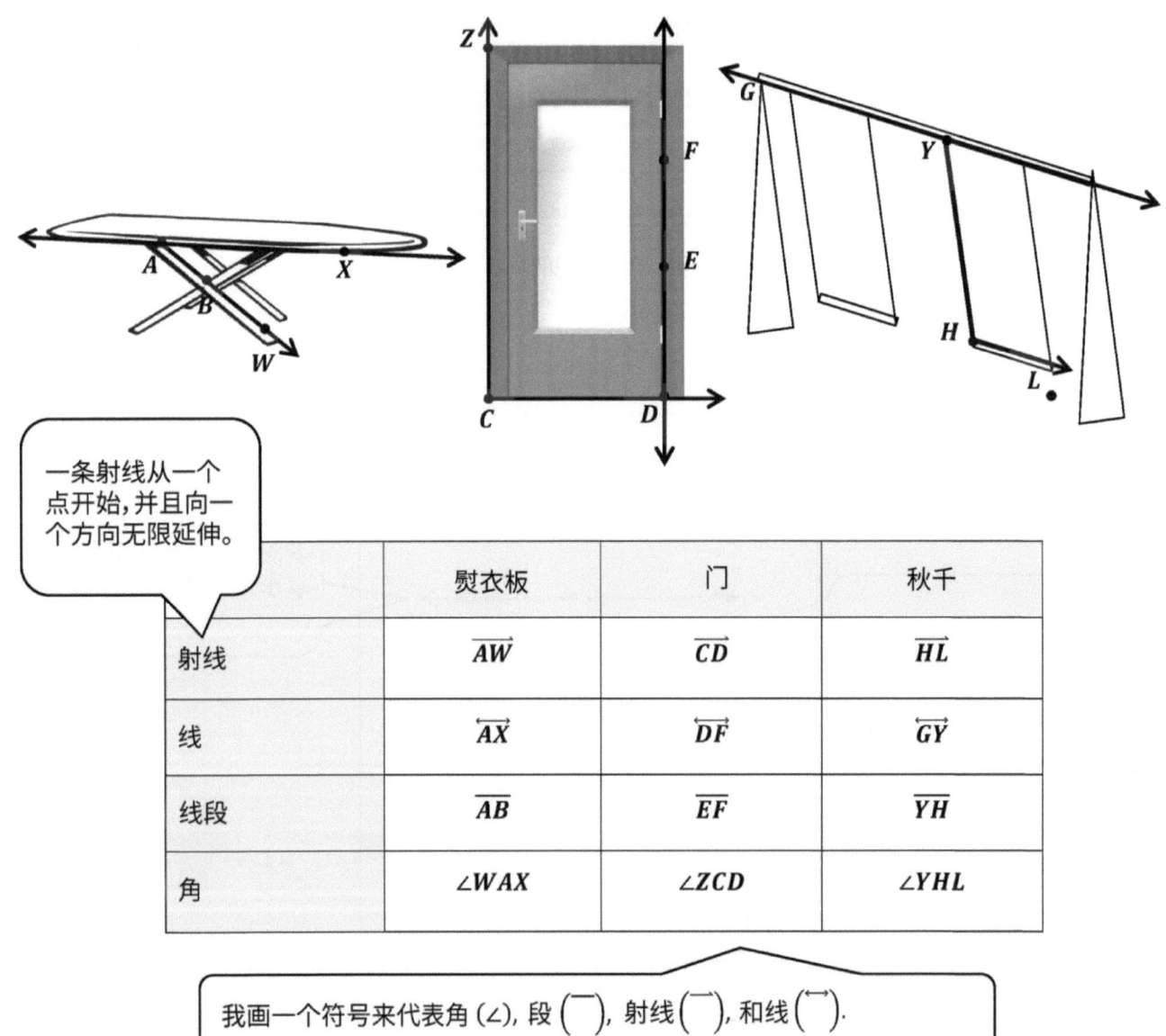

一条射线从一个点开始，并且向一个方向无限延伸。

	熨衣板	门	秋千
射线	$\overrightarrow{AW}$	$\overrightarrow{CD}$	$\overrightarrow{HL}$
线	$\overleftrightarrow{AX}$	$\overleftrightarrow{DF}$	$\overleftrightarrow{GY}$
线段	$\overline{AB}$	$\overline{EF}$	$\overline{YH}$
角	$\angle WAX$	$\angle ZCD$	$\angle YHL$

我画一个符号来代表角 (∠), 段 (—), 射线 (→), 和线 (↔).

单位的故事　　　　　　　　　　　　　　　　　　　　　　第一课家庭作业　4•4

姓名 _____　　　日期 _____

1. 按照以下说明在右侧的框中绘制图形。

   a. 画出两个点：W和X。

   b. 用直尺画 $\overline{WX}$。

   c. 画出一个不在 上的点 $\overline{WX}$。将其标记为Y。

   d. 画 $\overline{WY}$。

   e. 画一个不在 $\overline{WX}$ 或 $\overline{WY}$ 的点。将其称为Z。

   f. 构建 $\overline{YZ}$。

   g. 使用已经标记的点命名一个角。_____

2. 按照以下说明在右侧的框中绘制图形。

   a. 画出两个点：W和X。

   b. 用直尺画 $\overline{WX}$。

   c. 画出一个不在 上的点 $\overline{WX}$。将其标记为Y。

   d. 画 $\overline{WY}$。

   e. 画一个不在 $\overline{WY}$ 或在包含 的线上的点 $\overline{WX}$。将其标记为Z。

   f. 构建 $\overline{YZ}$。

   g. 通过画一条弧线指示角的位置来标识∠ZWX。

   h. 参考已绘制的点来确定另一个角。_____

第一课：　　识别并绘制点、线、线段、射线和角。在各种情况和熟悉的图像里识别它们。　　309

3. a. 观察下面熟悉的图形。在每个图形上标记一些点。

   b. 使用这些点来标记和命名下表中的以下各项：射线、线、线段和角。扩展线段以显示线和射线。

  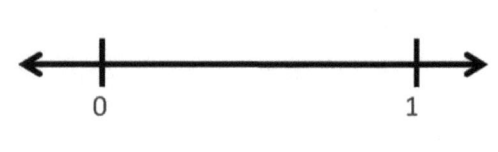

	时钟	骰子	数轴
射线			
线			
线段			
角			

扩展：画一个熟悉的图形。用点标记它，然后标识射线、线、线段和角（如果适用）。

1. 使用你在课堂上制作的直角模板确定以下每个角是否大于、小于或等于直角。将每个角标记为大于、小于或等于，然后将每个角连接到对的锐角、直角或钝角标签。

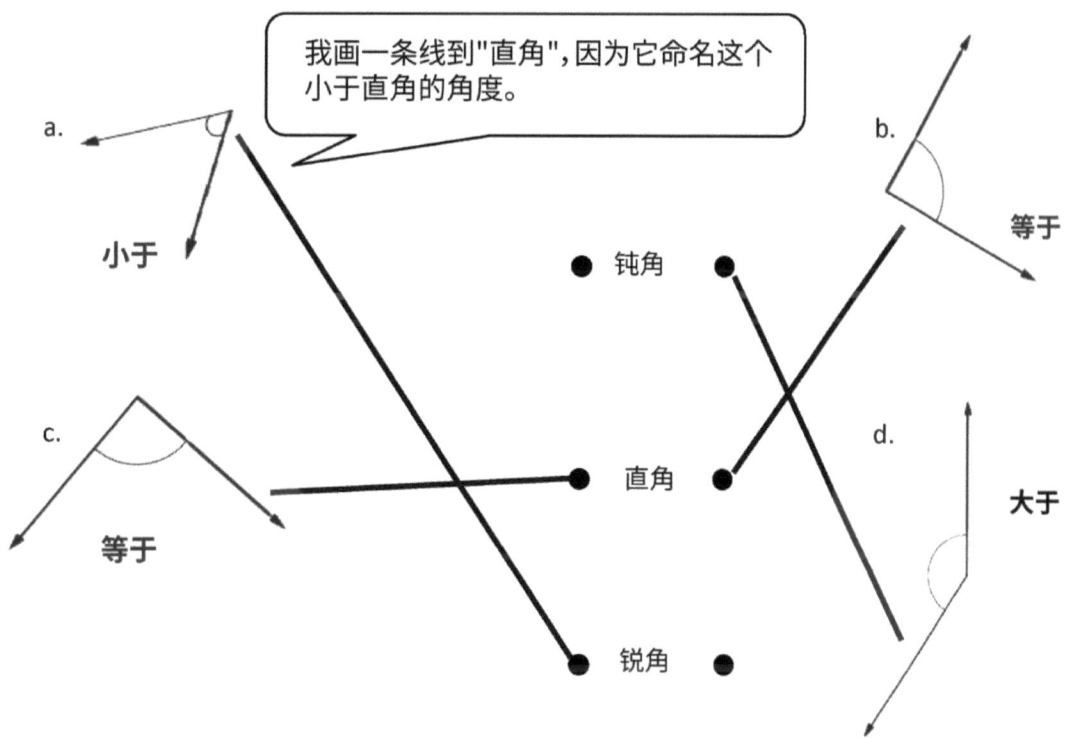

2. 使用直尺和创建的直角模板构造钝角。通过将钝角与直角进行比较来说明钝角的特征。说明时使用大于、小于或等于这样的词语。

说明范例：

钝角的角度大于直角的角度。

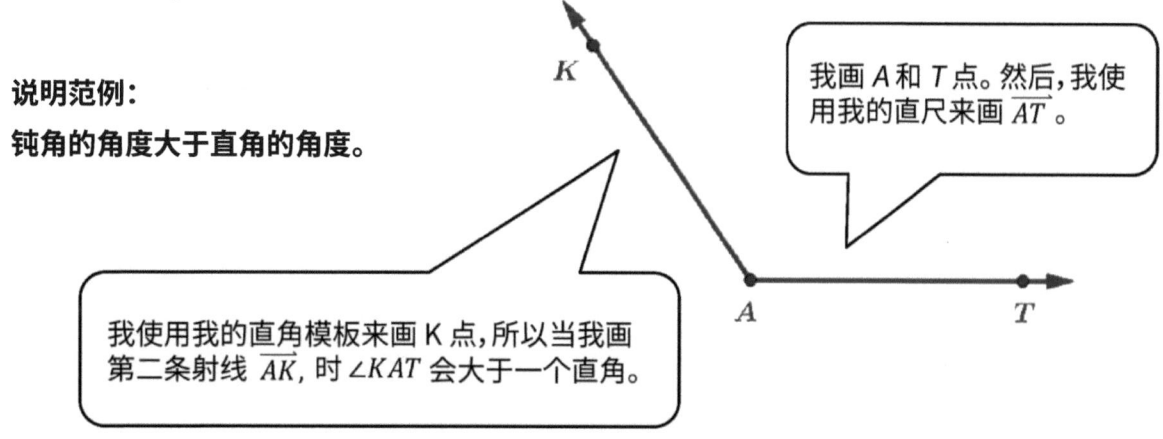

姓名 _____ 日期 _____

1. 使用你在课堂上制作的直角模板确定以下每个角是否大于、小于或等于直角。将每个角标记为大于、小于或等于，然后将每个角连接到对的锐角、直角或钝角标签。第一个已经完成。

a.

小于

b.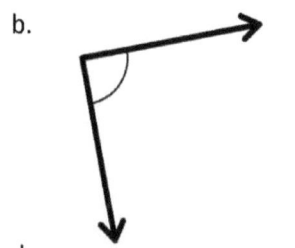

c.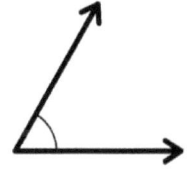

● 锐角 ●

d.

e.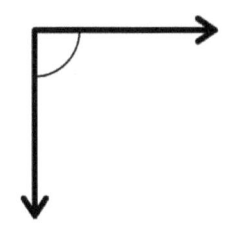

● 直角 ●

f.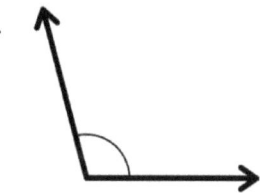

g.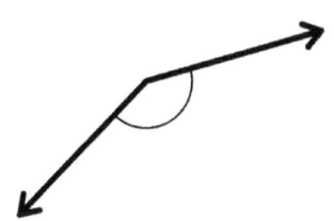

● 钝角 ●

h.

i.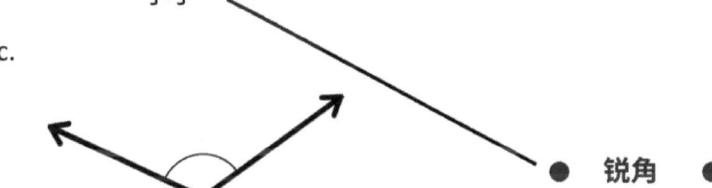

j.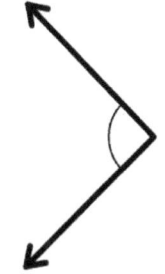

2. 使用直角模板识别这幅图里的锐角、钝角和直角。
描出每个的至少两个,用点标记,然后在图下方的表中为它们命名。

锐角		
钝角		
直角		

第二课: 使用直角来确定这些角是等于、大于还是小于直角。绘制直角、钝角和锐角。

3. 使用直尺和创建的直角模板构造以下每一个。通过将其角度与直角进行比较来说明每一个的特征。说明时使用大于、小于或等于这样的词语。

   a. 锐角

   b. 直角

   c. 钝角

1. 在每个物体上，描出至少一对看起来垂直的线。

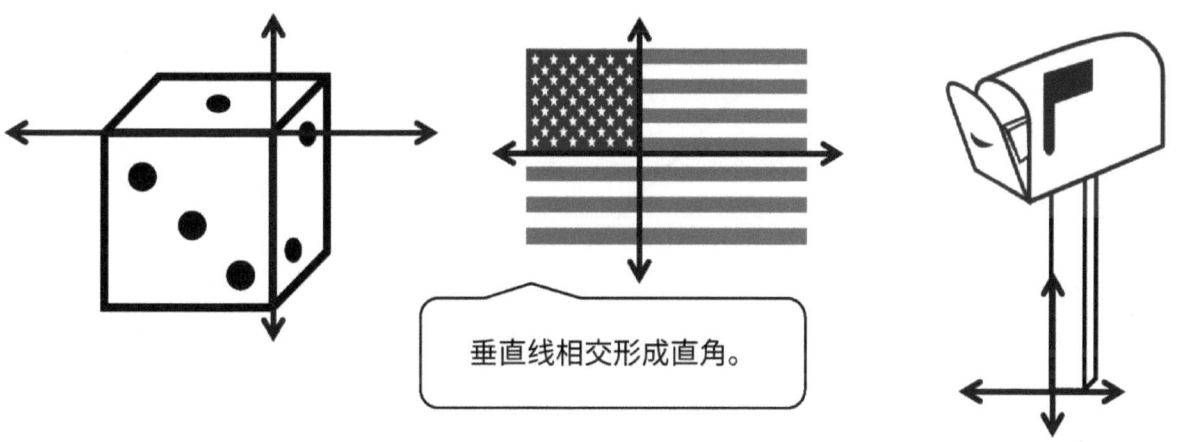

垂直线相交形成直角。

2. 在下面的网格中，绘制一个垂直于给定线段的线段。使用直尺。

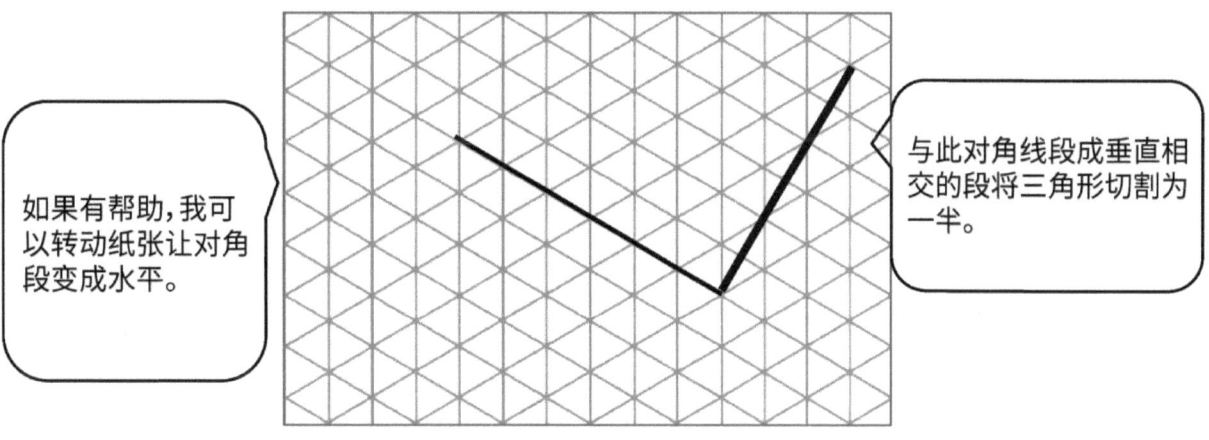

如果有帮助，我可以转动纸张让对角段变成水平。

与此对角线段成垂直相交的段将三角形切割为一半。

第三课： 识别、定义和绘制垂直线。

3. 使用你在课堂上创建的直角模板确定下图是否有直角。如果有，用一个小正方形标记出来。对于找到的每个直角，命名相应的垂直边。

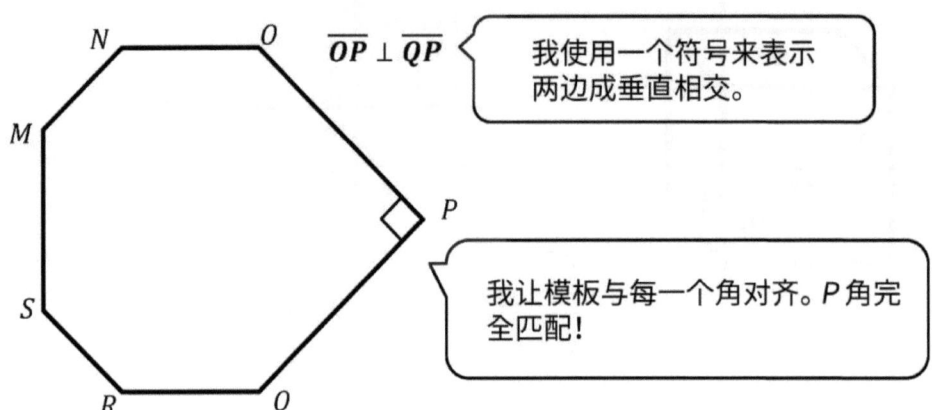

姓名 _____ 日期 _____

1. 在每个物体上，描出至少一对看起来垂直的线。

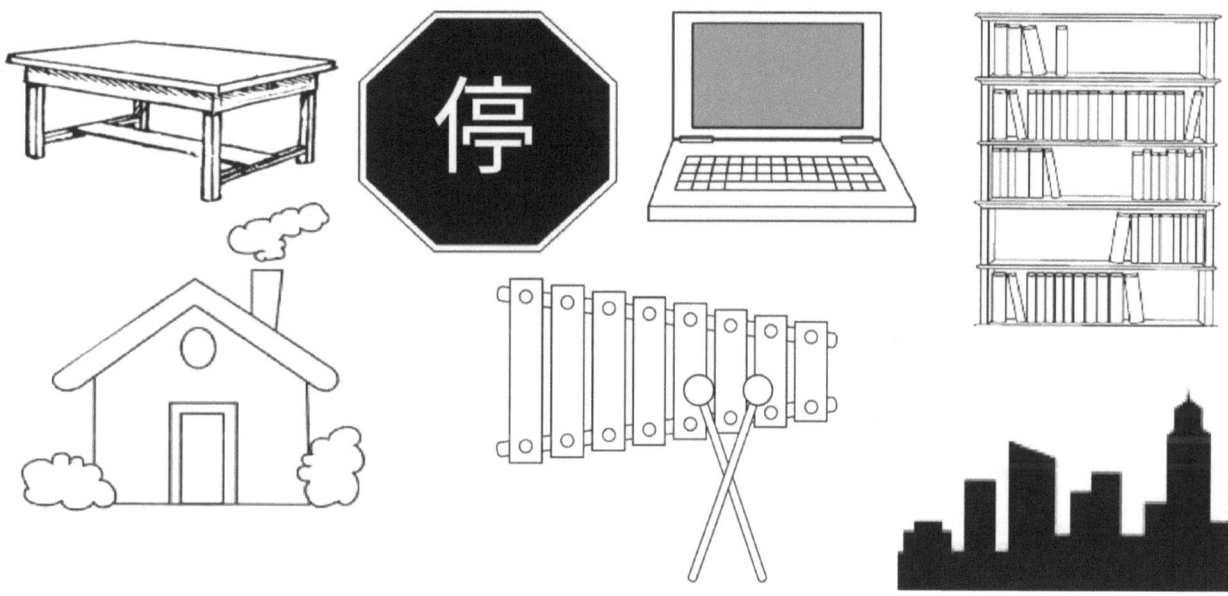

2. 如何知道两条线是否垂直？

3. 在下面的正方形和三角形网格中，使用每个网格中给定的线段绘制一个垂直的线段。使用直尺。

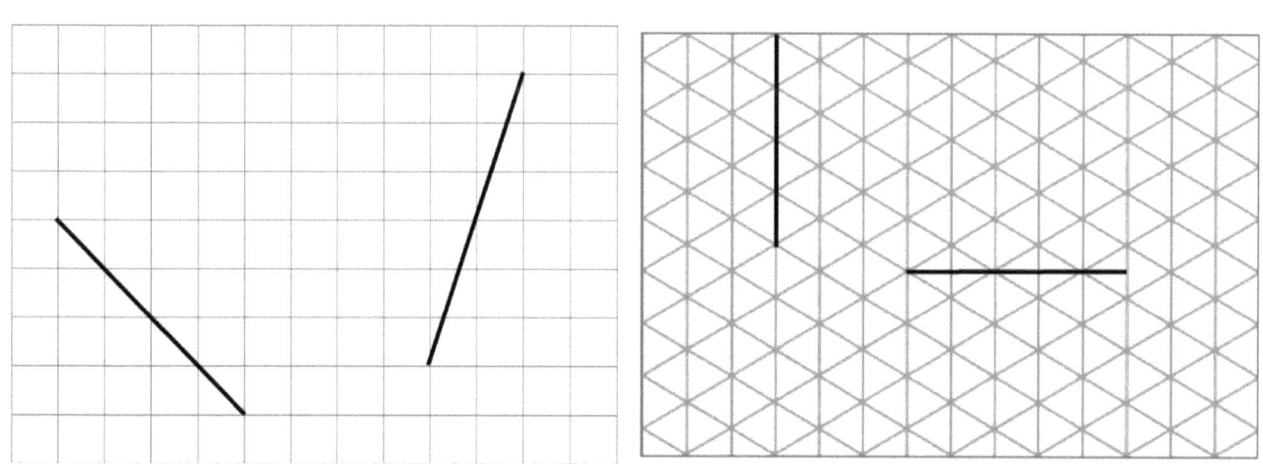

第三课： 识别、定义和绘制垂直线。

4. 使用你在课堂上创建的直角模板确定以下哪些图形里有直角。用一个小正方形标记每个直角。对于找到的每个直角，命名相应的一对垂直边。(问题4(a)已经开始。)

a.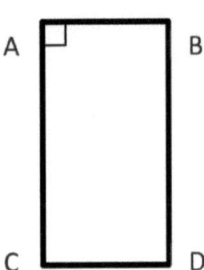

$\overline{CA} \perp \overline{AB}$

b.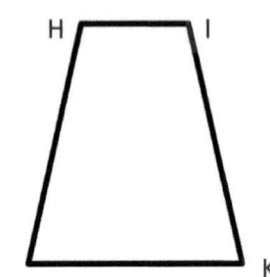

c.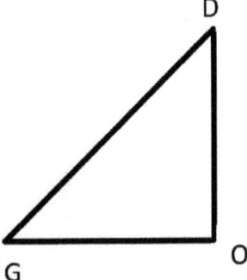

d.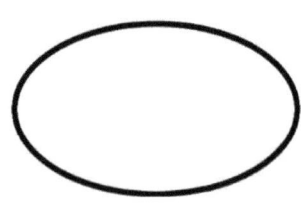

e.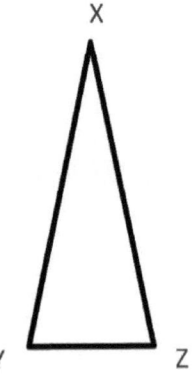

f.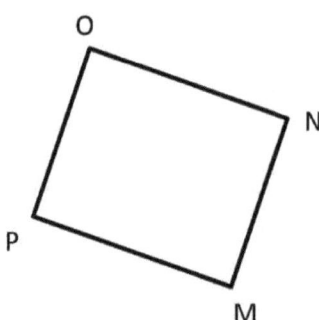

g.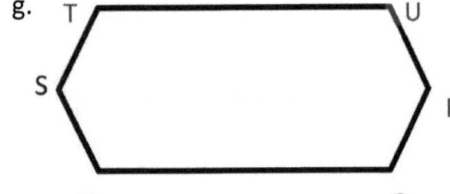

h.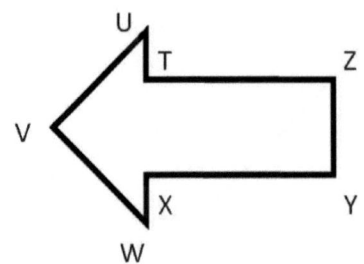

5. 使用直角模板作为指导，在下图中用小正方形标记每个直角。（注意：直角不必在图形内部。）此图有几对垂直边？

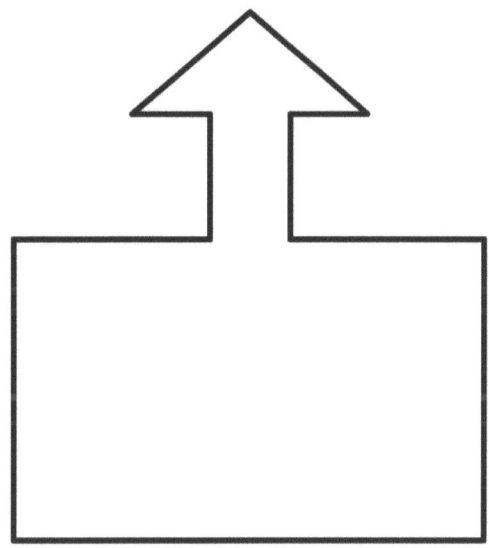

6. 对或错？没有直角的形状也没有垂直线段。画一些图形来帮助解释你的想法。

单位的故事 第四课家庭作业助手 4•4

在每个物体上,描出至少一对看起来平行的线。

1.

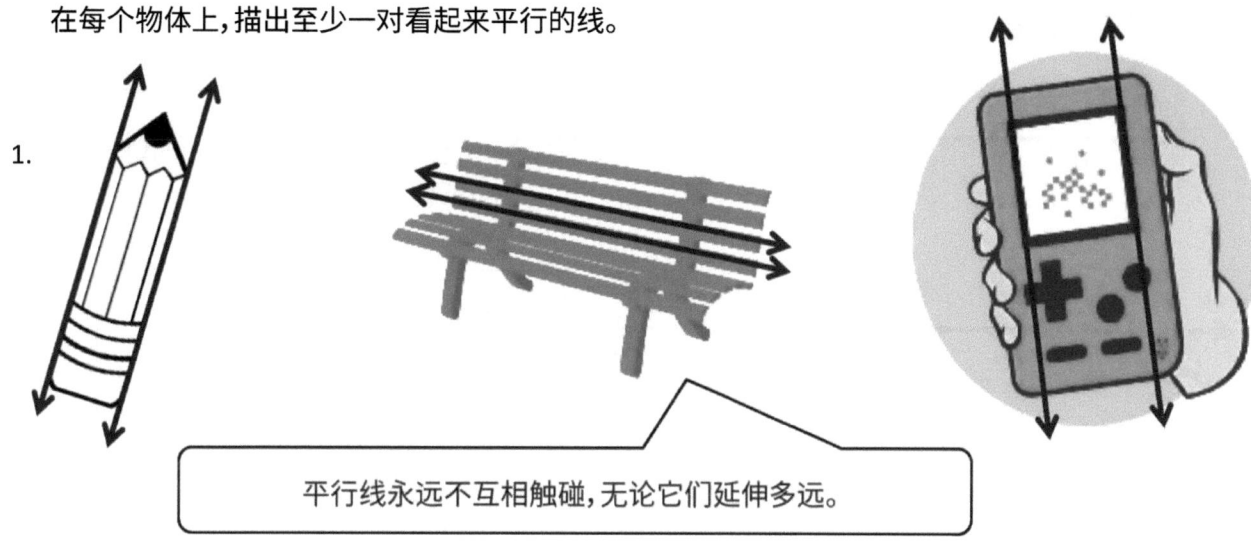

平行线永远不互相触碰,无论它们延伸多远。

在下面的网格中,使用直尺绘制一条与给定线段平行的线段。

2.

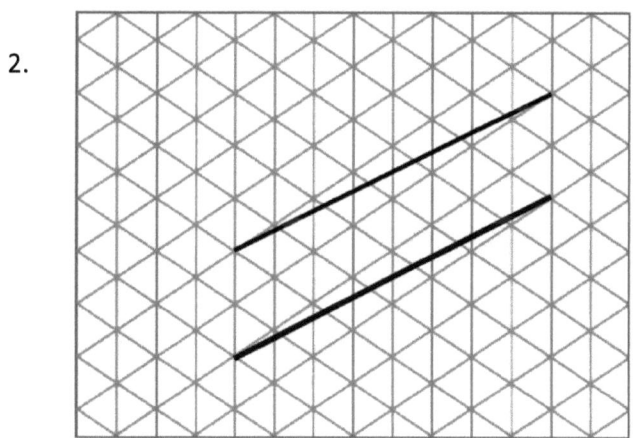

画对角平行线段有点困难!我画一条线段,它是线段上每一点的两个三角形底部长度之间的距离。

第四课: 识别、定义和绘制平行线。

3. 使用直尺画一条线。然后，使用直角模板和直尺构造一条与你画的第一条线平行的线。

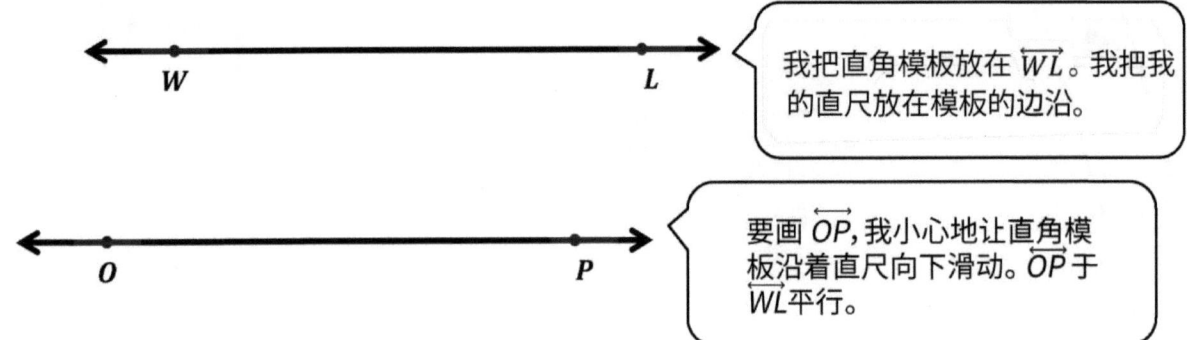

姓名 _____　　　日期 _____

1. 在每个物体上，描出至少一对看起来平行的线。

2. 如何知道两条线是否平行？

3. 在下面的正方形和三角形网格中，使用每个网格中给定的线段绘制一条平行的线段，绘制时使用直尺。

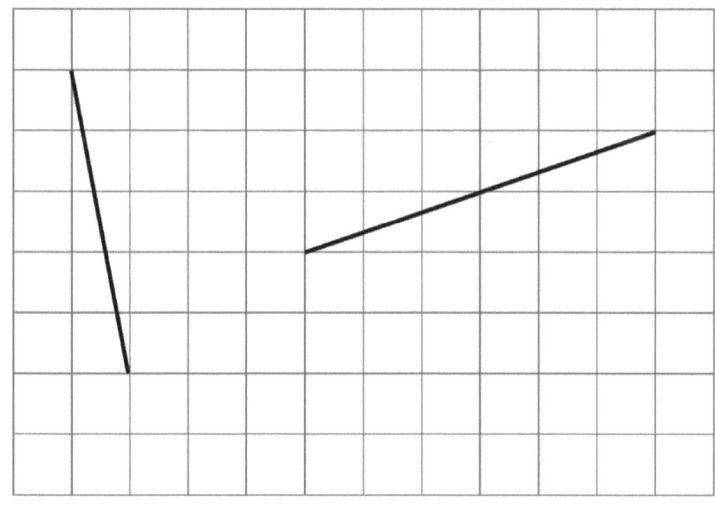
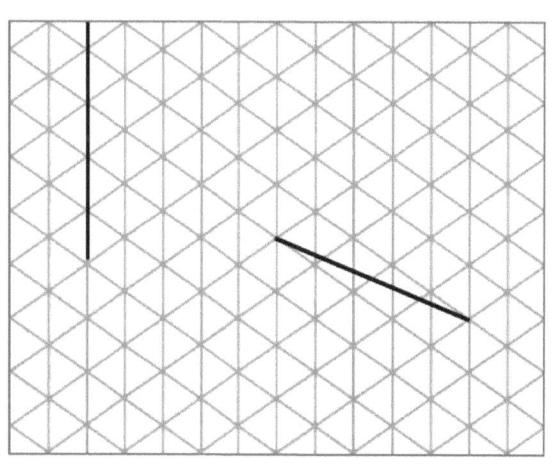

第四课： 识别、定义和绘制平行线。

4. 使用直尺和你创建的直角模板,确定以下哪些图形里有平行的边。圈出具有至少一对平行边的形状的字母。用箭头标记每对平行边,然后模仿4(a)中语句识别平行边。

 a.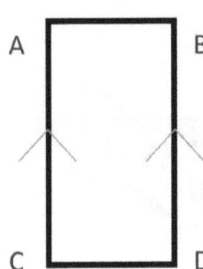

$\overline{AC} \parallel \overline{BD}$

b.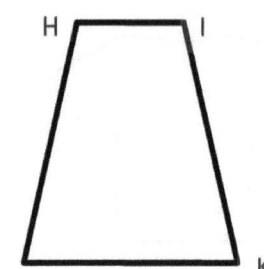

c.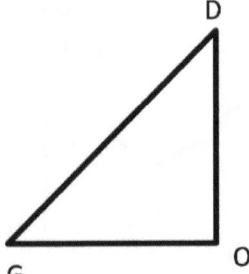

d.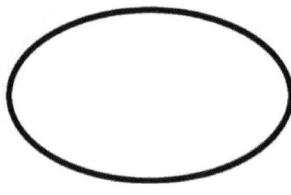

e.

f.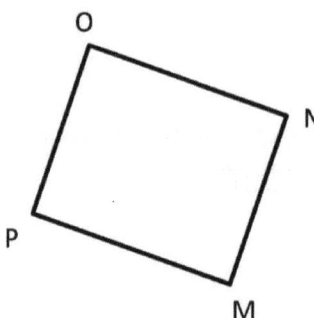

g.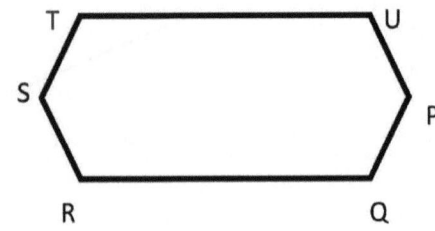

h.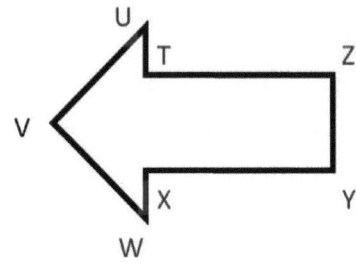

5. 对或错？所有具有直角的形状都有平行的边。解释你的想法。

6. 解释为什么 $\overline{AB}$ 和 $\overline{CD}$ 平行，而 $\overline{EF}$ 和 $\overline{GH}$ 不平行。

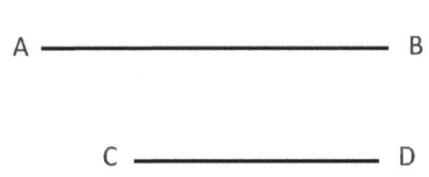
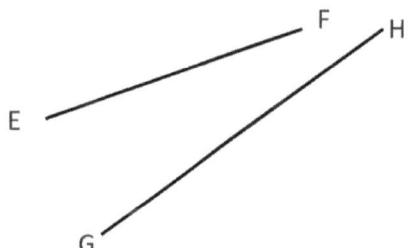

7. 使用直尺画一条线。现在，使用直角模板和直尺构造一条与你绘制的第一条线平行的线。

1. 确定以下角的测量度数。

   测量的角度是80°。

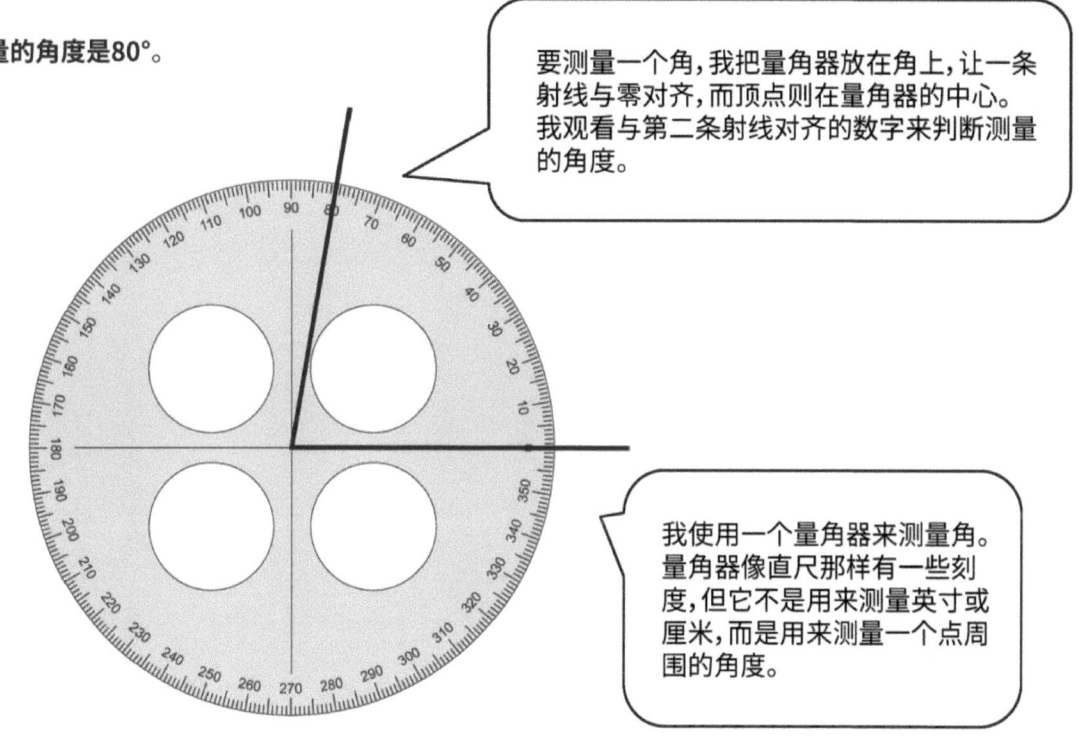

要测量一个角,我把量角器放在角上,让一条射线与零对齐,而顶点则在量角器的中心。我观看与第二条射线对齐的数字来判断测量的角度。

我使用一个量角器来测量角。量角器像直尺那样有一些刻度,但它不是用来测量英寸或厘米,而是用来测量一个点周围的角度。

2. 如果没有量角器,该如何构造一个量角器?在下面的空白处使用文字、图片或数字进行说明。第5课家庭作业

   学生答案范例:

   如果我没有量角器,我可以剪一块圆形的纸。使用一个直角模板,我可以把纸圈四等分,然后写上 0°、90°、180°、270° 和 360°。虽然我的量角器不能测量精确的角度,但我可以使用这些基准角度来估算。

   我反思我在课堂中的体验和讨论。我用各种方法把纸圈等分,并准确地标签角度。

第五课: 使用圆形量角器理解转动 $\frac{1}{360}$ 时的1度角。使用量角器探索基准角度。

姓名 _____   日期 _____

1. 确定以下角的测量度数。

a.
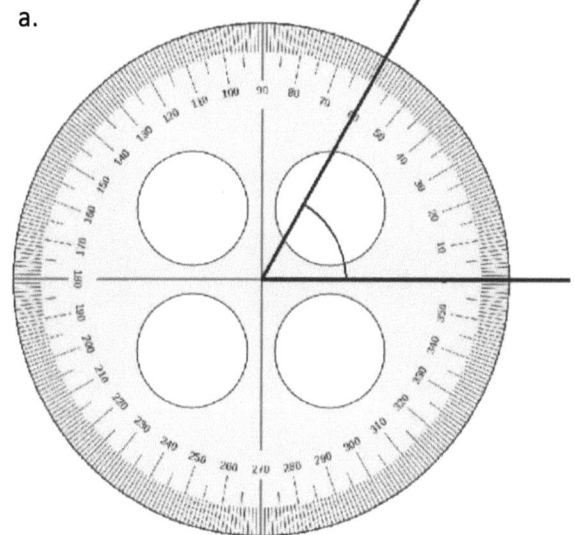

b.
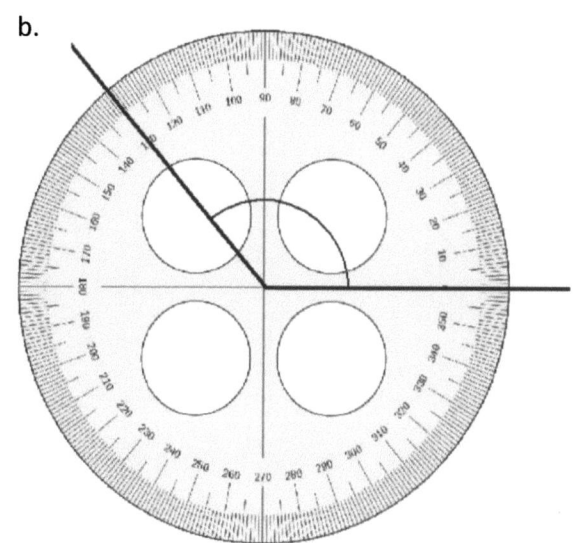

c.
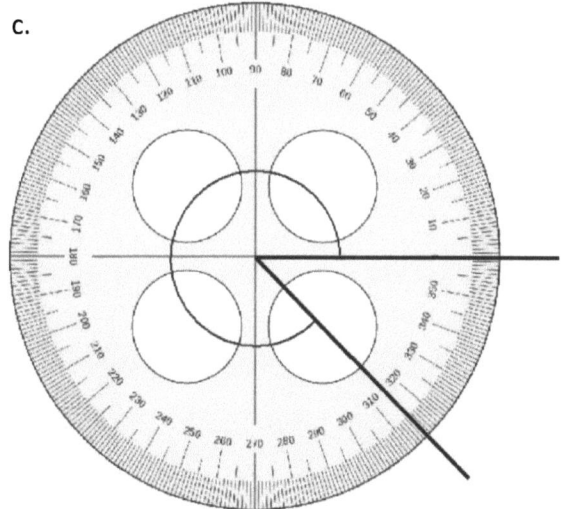

d.
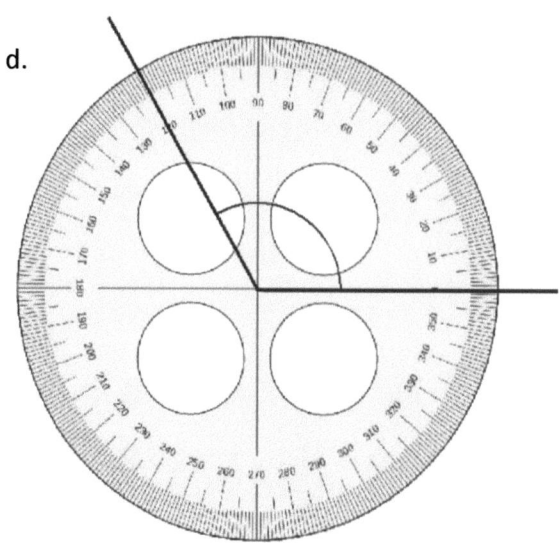

第五课：使用圆形量角器理解转动 $\frac{1}{360}$ 时的1度角。使用量角器探索基准角度。

2. 如果没有量角器，该如何构造一个量角器？在下面的空白处使用文字、图片或数字进行说明。

1. 使用量角器测量角,然后以度为单位记录测量值。

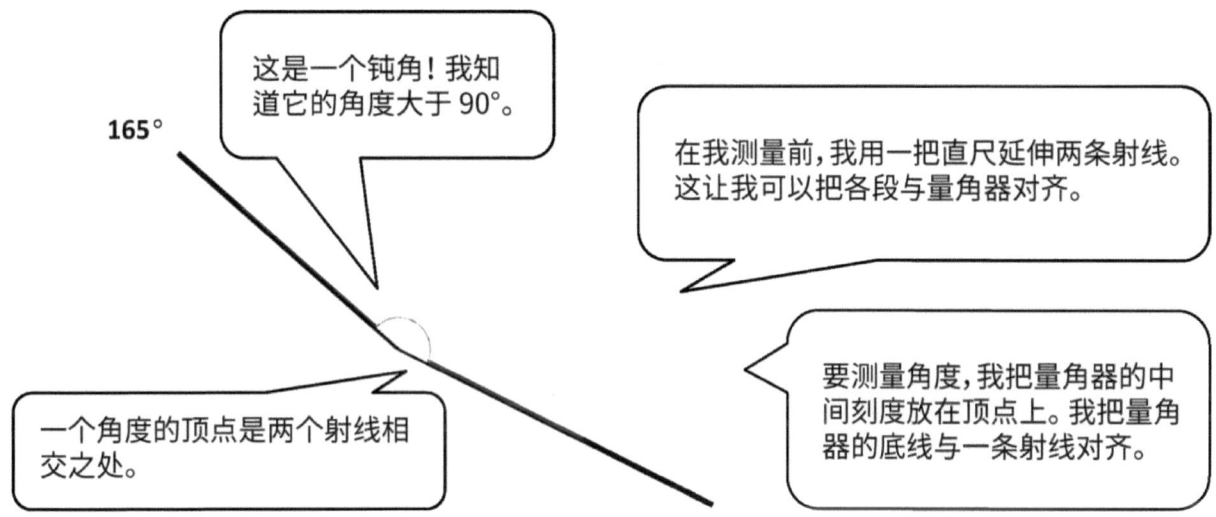

2. 使用量角器测量角。根据需要延长线段的长度。延伸线段时,角的测量值是否保持不变?解释你怎么知道的。

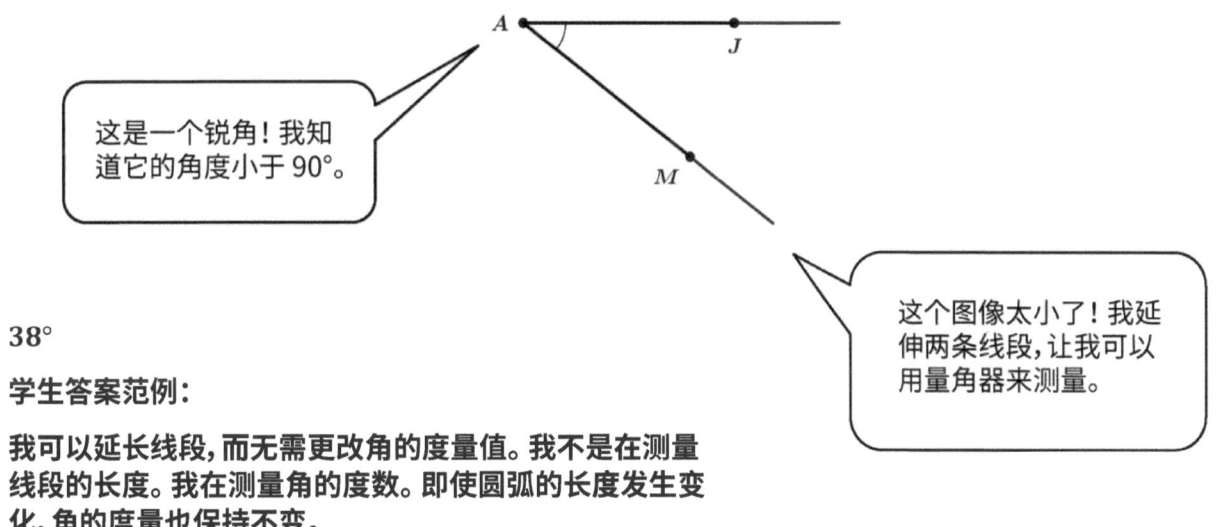

38°

学生答案范例:

我可以延长线段,而无需更改角的度量值。我不是在测量线段的长度。我在测量角的度数。即使圆弧的长度发生变化,角的度量也保持不变。

第六课: 使用各种量角器来区分角度度量和长度度量。

姓名 _____ 日期 _____

1. 使用量角器测量角，然后以度为单位记录测量值。

a.

b.

c.

d.

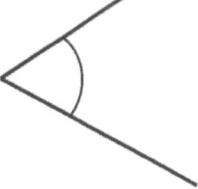

e.

f.

g.

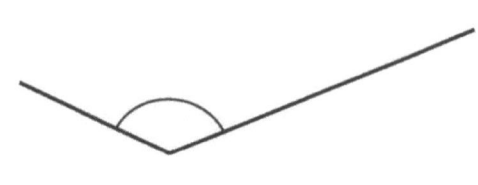

h.

i.

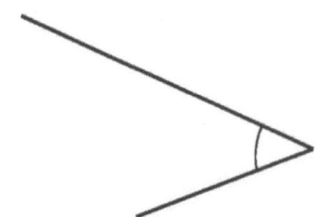

j.

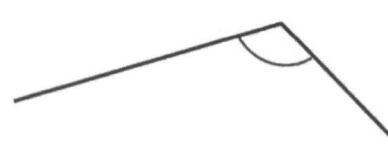

2. 使用今天课程中剪出的绿色和红色圆形，向家人解释如何使用剪出的圆形来显示角的测量值相同，哪怕圆形的大小不同。用文字写出你向家人的说明。

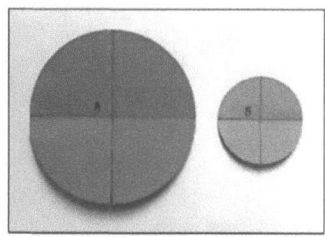

3. 使用量角器测量每个角。根据需要延长线段的长度。延伸线段时，角的测量值是否保持不变？解释你如何知道。

   a.

   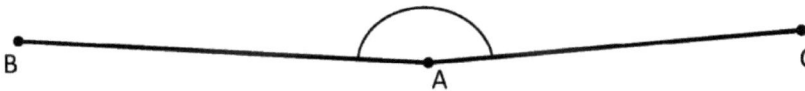

   b.

   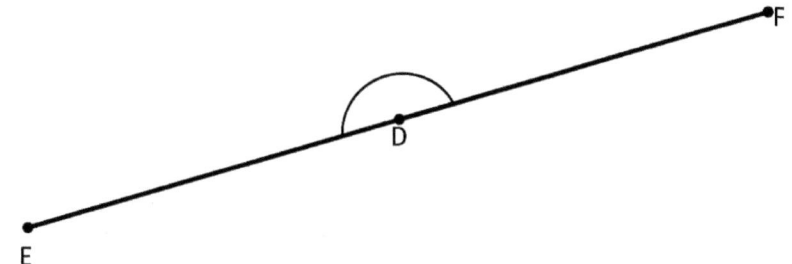

单位的故事　　　　　　　　　　　　　　　　　　　　　　第七课家庭作业助手　4•4

画出给定度数的角。对于第一个问题，使用所示的射线作为角的射线之一，其端点作为角的顶点。画一条弧线表示测量的角。

1. 90°

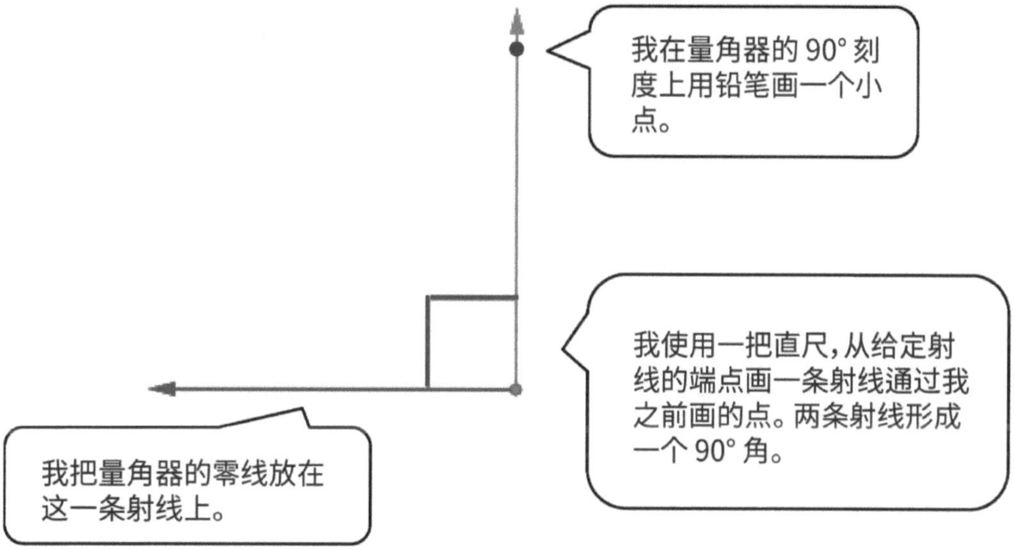

   我在量角器的 90° 刻度上用铅笔画一个小点。

   我使用一把直尺，从给定射线的端点画一条射线通过我之前画的点。两条射线形成一个 90° 角。

   我把量角器的零线放在这一条射线上。

2. 32°

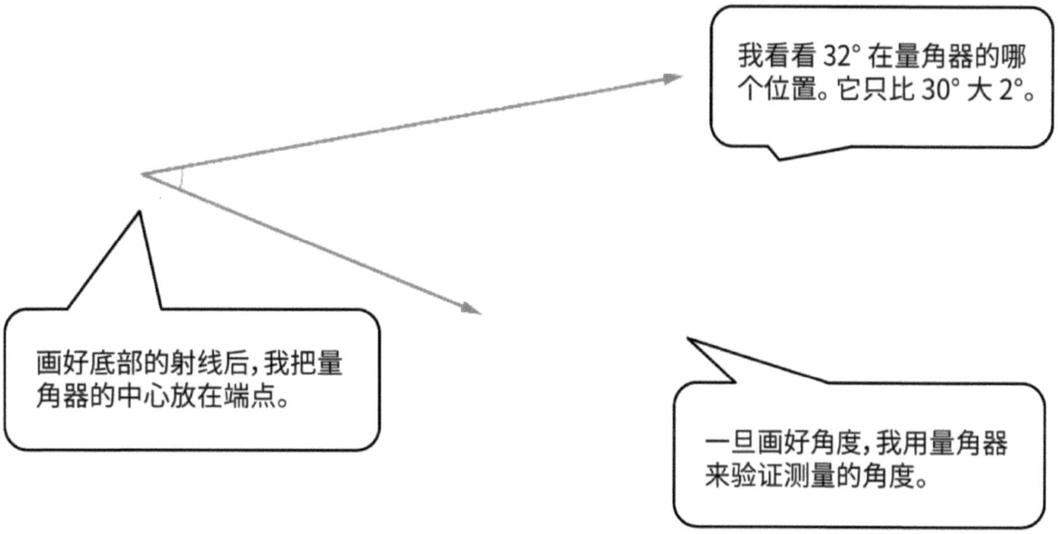

   我看看 32° 在量角器的哪个位置。它只比 30° 大 2°。

   画好底部的射线后，我把量角器的中心放在端点。

   一旦画好角度，我用量角器来验证测量的角度。

第七课：　　测量和绘制角。猜测给定的角的度数，并用量角器验证。

姓名 _____   日期 _____

画出给定度数的角。对于问题1-4，使用所示的射线作为角的射线之一，其端点作为角的顶点。画一条弧线表示测量的角。

1. 25°

2. 85°

3. 140°

4. 83°

第七课： 测量和绘制角。猜测给定的角的度数，并用量角器验证。

单位的故事　　　　　　　　　　　　　　　　　　　　　　　　第七课家庭作业 4•4

5. 108°

6. 72°

7. 25°

8. 155°

9. 45°

10. 135°

第七课：　测量和绘制角。猜测给定的角的度数，并用量角器验证。

1. 詹姆斯把蛋糕放进烤箱和从烤箱拿出蛋糕的时候看了钟表。分针从开始到结束旋转了多少度?

开始时间　　　　　结束时间

分针转了 180°。

我从第 5 课知道转一圈是 360°。从 12 到 3 是一个 90° 角,而从 3 到 6 是另一个 90° 角。

2. 德隆蒂将储物柜上的锁向右旋转了四分之一圈,然后向左旋转了180度。画一幅图来显示锁打开后的位置。

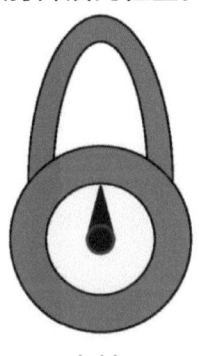 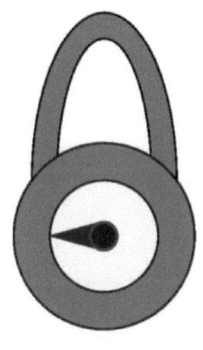

之前　　　　　之后

我把锁想象成一个时钟。向右四分之一转是 15 分针,而向左转 180° 是倒后 30 分钟。

3. 图片需要旋转多少个四分之一圈才能直立起来?

图片需要旋转两个四分之一圈才能直立。

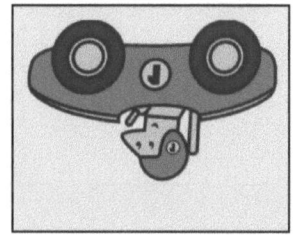

我可以转动纸张本身来帮助我得出答案!

姓名 _____   日期 _____

1. 吉尔、夏恩和巴勃站在院子中间，面对谷仓。吉尔向右转了90°。夏恩向左转了180°。巴勃向左转了270°。说出每个女孩现在面对的物体的名称。

   Jill _____

   Shyan _____

   Barb _____

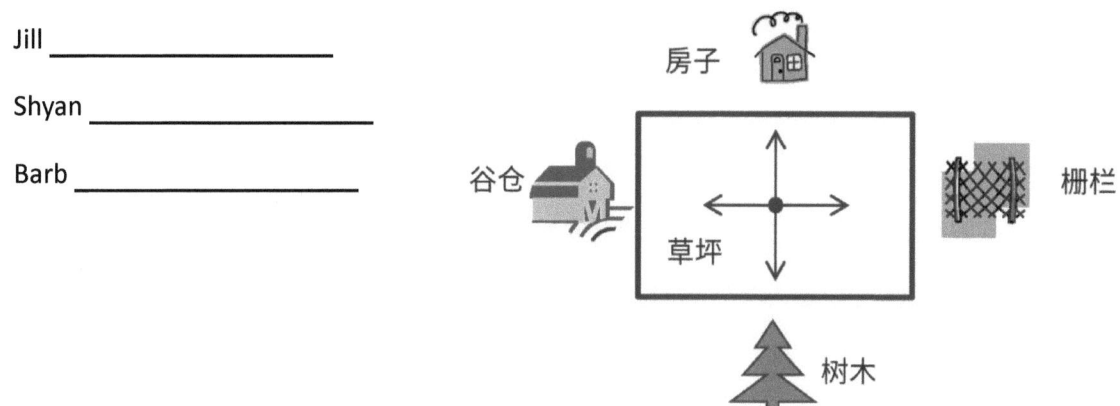

2. 在课程开始和结束时，艾莉森都看了时钟。从上课开始到结束，分针转动了多少度？

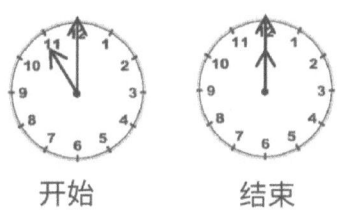

3. 滑雪者跳了起来，转了180度。滑雪者落地时朝向哪个方向？你如何知道？

4. 坎贝尔夫人开车驶入结冰的道路时，突然踩了刹车。她的车转了360度。解释一下坎贝尔夫人的车怎么了。

5. 乔纳将火炉的旋钮转动了两个四分之一圈。画一幅图来显示旋钮转动后的位置。

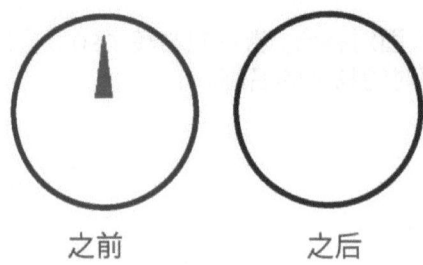

6. 贝茜用剪刀从报纸上剪下了一张优惠券。她需要将报纸总共旋转几个四分之一圈才能剪下整个优惠券？

7. 图片需要旋转多少个四分之一圈才能直立起来？

8. 大卫面朝北方。他向右转了180°，然后向左转了270°。他现在面朝哪个方向？

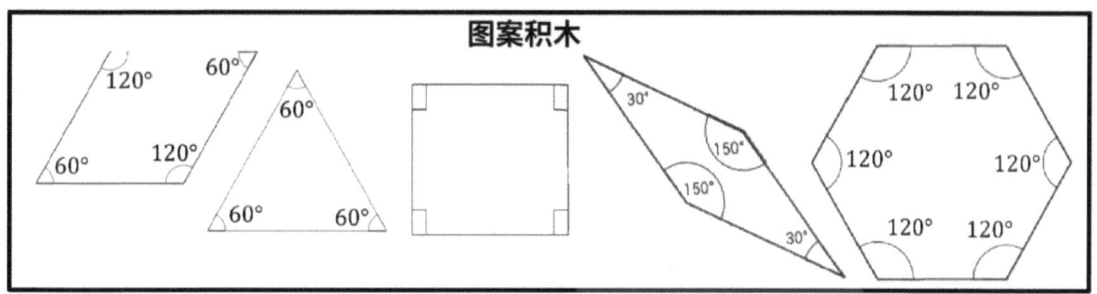

使用两个或多个图案块草拟一种方法来组成∠ABC。写出一个加法句来显示你如何组成给定的角。

1. ∠ABC = 150°

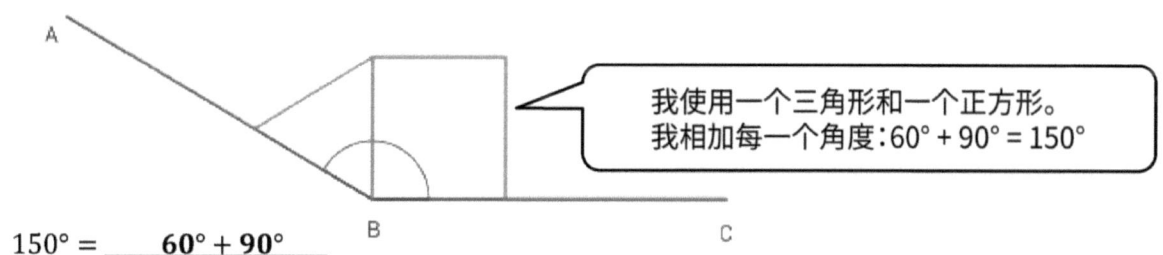

我使用一个三角形和一个正方形。
我相加每一个角度：60° + 90° = 150°

150° = __**60° + 90°**__

萨布丽娜的图案块做出了以下形状。如其弧度所示，求解 $x°$、$y°$ 和 $z°$。为每一个写一个加法句。已为你完成第一道题。

2.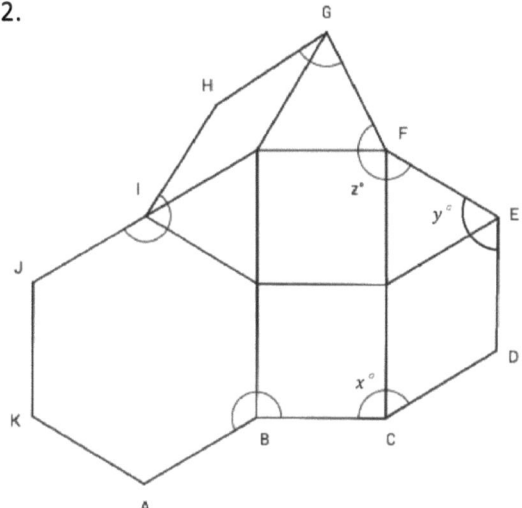

a. $y° = 60° + 60°$

   $y° = 120°$

b. $z° =$ __**60° + 90° + 60°**__

   $z° =$ __**210°**__

c. $x° =$ __**90° + 60°**__

   $x° =$ __**150°**__

要判断 $x°$、$y°$、和 $z°$，我把各个弧所包含的较小角度相加起来。我使用页面顶部的表来判断每一个较小角度。

第九课： 使用图案块分解角。

姓名 _____ 日期 _____

使用两个或多个图案块，想出两种不同的方法来组成给定的角度。写出一个加法句来显示你如何组成给定的角。

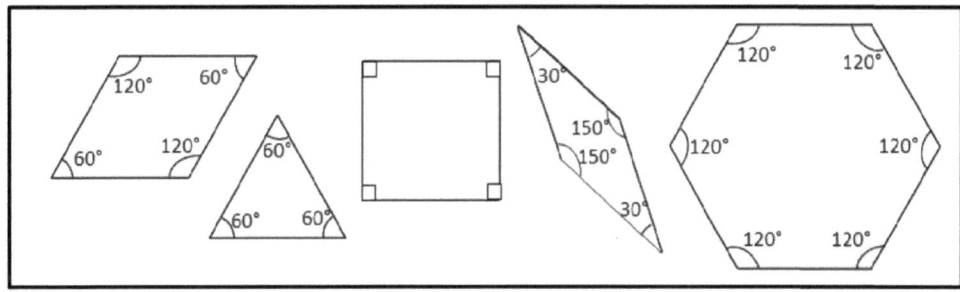

1. 点 A、B 和 C 形成一条直线。

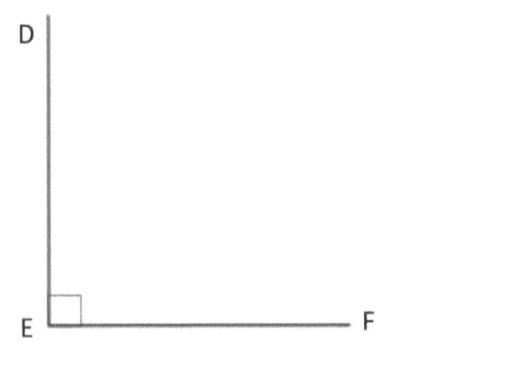

180° = _____

180° = _____

2. ∠DEF = 90°

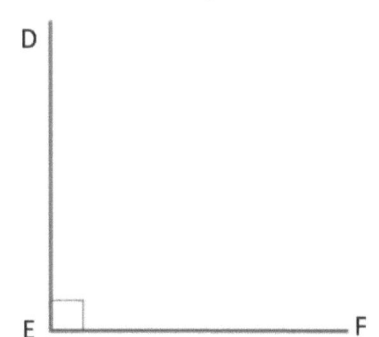

90° = _____

90° = _____

第九课： 使用图案块分解角。

3. ∠GHI = 120°

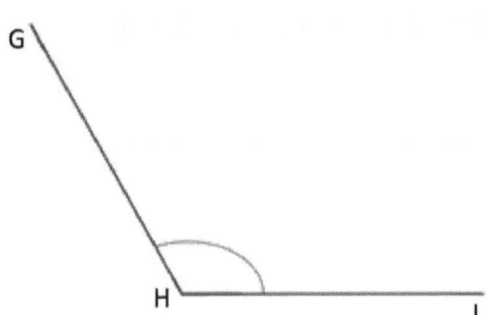

120° = _____

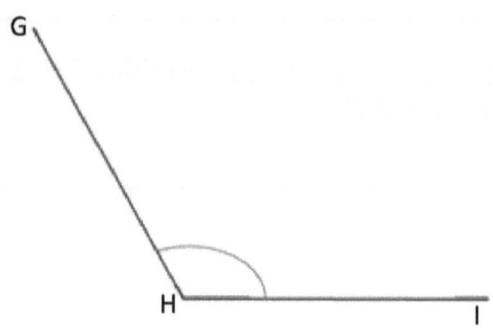

120° = _____

4. $x° = 270°$

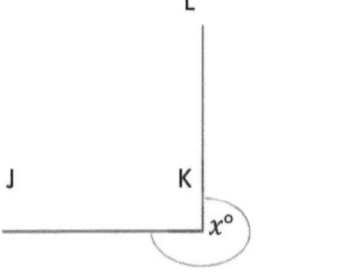

270° = _____

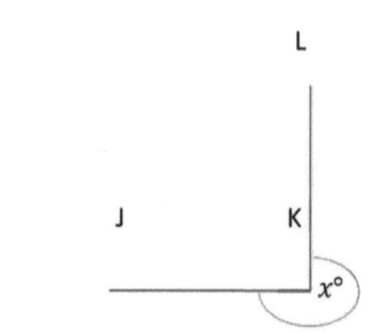

270° = _____

5. 弥迦用图案块做出了以下形状。为圆弧表示的每个角写一个加法句并求解。已为你完成第一道题。

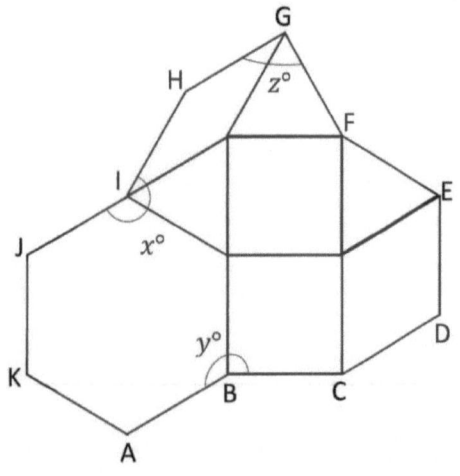

a. $y° = 120° + 90°$

   $y° = 210°$

b. $z° = $ _____

   $z° = $ _____

c. $x° = $ _____

   $x° = $ _____

1. 写出一个方程式，求解∠x的测量值。使用量角器验证测量值。

   a. ∠JKL 是一个平角。

   b. 求解 ∠USW 的值。∠RST 是一个平角。

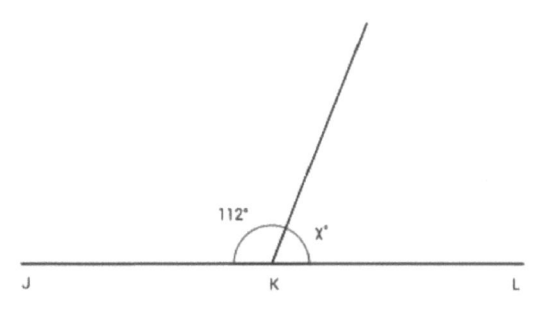

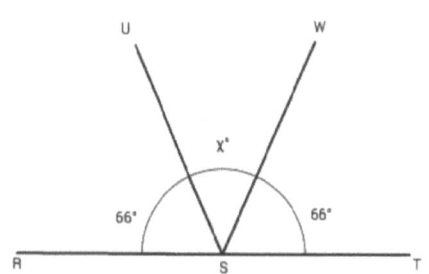

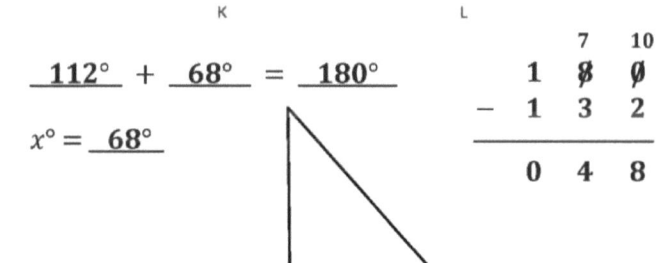

$112° + 68° = 180°$

$x° = 68°$

$66° + 66° + x° = 180°$
$132° + x° = 180°$
$x° = 48°$
$∠USW = 48°$

我知道一个平角的值是 180°。
我从 180° 减 112° 来求 x° 的值。
为了验证答案，我使用量角器来测量那个角。我测量出 68°。

我知道那三个角的总和是 180°。
我把已知的两个部分相加，然后从 180° 减去它们的总和。

2. 在右侧的空格中完成以下指示。

   a. 画出两个点：S和T。用直尺，画 $\overrightarrow{ST}$。
   b. 在点S和T之间绘制点U。
   c. 绘制点W，不在上 $\overrightarrow{ST}$。
   d. 画 $\overrightarrow{UW}$。
   e. 找出∠SUW和∠TUW的测量值。
   f. 编写一个方程式来表示角加入直角的测量值。

答案范例：

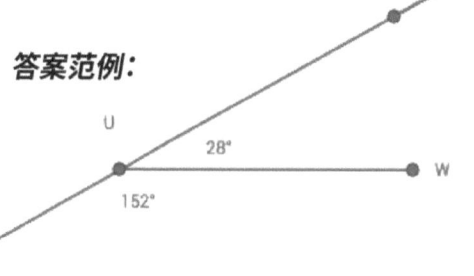

$∠SUW = 152°$

$∠TUW = 28°$

$152° + 28° = 180°$

我画图形。我使用我的量角器来测量∠SUW 和 ∠TUW。

第十课： 使用相邻角的测量值相加来解决问题，使用未知角的测量值符号。

姓名 _____   日期 _____

写出一个方程式,求解∠x的测量值。使用量角器验证测量值。

1. ∠DCB是直角。

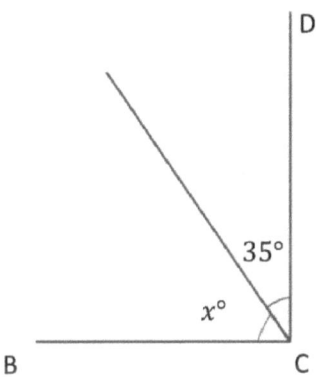

_____ + 35° = 90°

x° = _____

2. ∠HGF是直角。

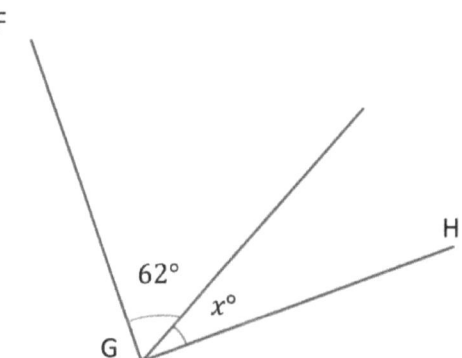

_____ + _____ = _____

x° = _____

3. ∠JKL是直角。

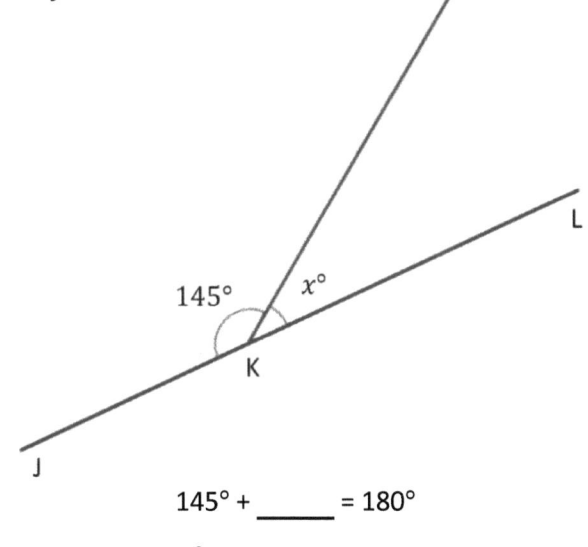

145° + _____ = 180°

x° = _____

4. ∠PQR是直角。

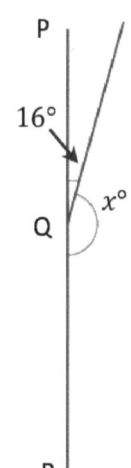

_____ + _____ = _____

x° = _____

写一个方程式，并求解未知的角的测量值。

5. 求解∠USW的值。
   ∠RST是直角。

6. 求解∠OML的值。
   ∠LMN是直角。

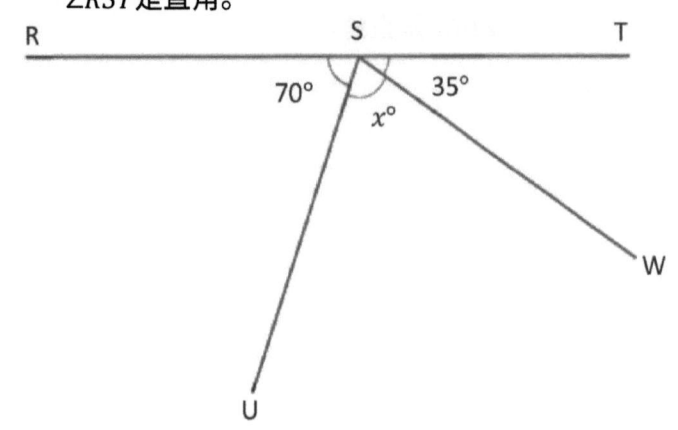
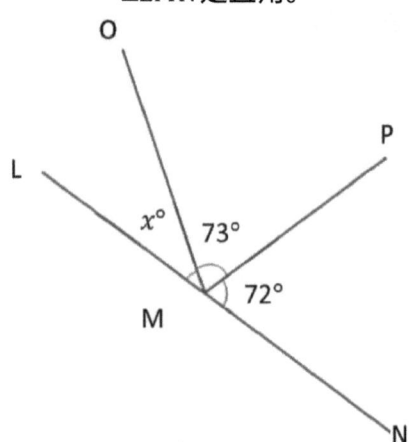

7. 在下图中，DEFH是一个长方形。在不使用量角器的情况下，确定∠GEF的大小。写一个可以用来解决该问题的方程式。

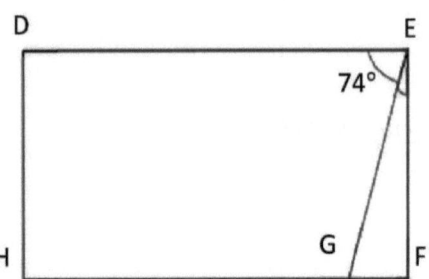

8. 在右侧的空格中完成以下指示。

   a. 画出两个点：Q和R。用直尺，画 $\overline{QR}$。
   b. 在点Q和R之间绘制点S。
   c. 绘制点T，不在上 $\overrightarrow{QR}$。
   d. 画 $\overline{TS}$。
   e. 找出∠QST和∠RST的测量值。
   f. 编写一个方程式来表示角加入直角的测量值。

编写一个方程式，并用数值方法求解未知的角的测量值。

1.

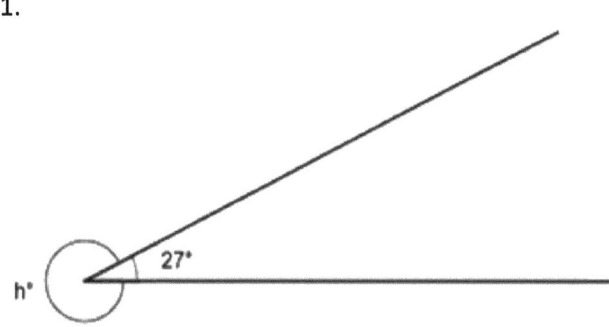

> 我从第 5 课知道一个圆形的值是 360°。我从 360° 减去 27° 来求 h。

$\underline{27}° + \underline{333}° = 360°$

$h° = \underline{333°}$

```
      5 10
   3  ∅  ∅
 −    2  7
 ─────────
   3  3  3
```

2.

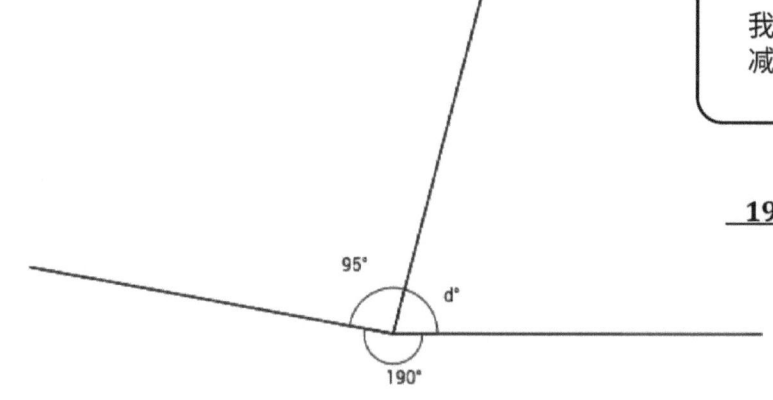

> 我把已知角的值相加然后从 360° 减去它们的总和来求 $d°$。

$\underline{190}° + \underline{95}° + \underline{75}° = \underline{360°}$

$d° = \underline{75°}$

```
              15
         2  ⅗  10
    1 9 0    3  ∅  ∅
  +   9 5  −  2  8  5
  ─────────  ─────────
    2 8 5       7  5
```

3. T 是 $\overline{UV}$ 和 $\overline{WX}$ 的交叉点。
   ∠UTW 是 51°。

$g° = \underline{\textbf{129°}}$ $h° = \underline{\textbf{51°}}$ $i° = \underline{\textbf{129°}}$

$$129° + h° = 180° \qquad 51° + i° = 180°$$
$$h° = 51° \qquad\qquad i° = 129°$$

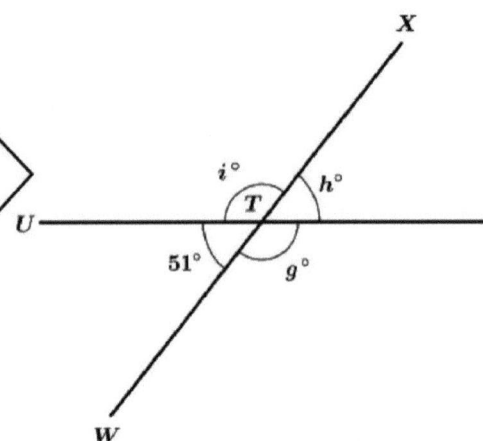

我求 $i°$ 的方法是思考它与 $\overline{UV}$ 或 $\overline{WX}$ 的关系。但我也注意到这个图的对顶角有一样的值。

我求 $h°$ 的方法是思考 ∠WTV 和 ∠VTX 的关系。两个角相加为 180°，因为它们在 $\overline{WX}$ 上。

$$51° + g° = 180°$$
$$g° = 129°$$

我求 $g°$ 的方法是思考它与 ∠UTW 的关系。∠UTV 是一个平角，它的角度是 180°。

```
    7 10
  1 8̸ 0̸
−   5 1
───────
  1 2 9
```

第十一课： 使用相邻角的测量值相加来解决问题，使用未知角的测量值符号。

4. P是 $\overline{QR}$、$\overline{ST}$ 和 $\overline{UP}$ 的交叉点。∠QPS是56°。

$j° = \underline{124°}$ $k° = \underline{56°}$ $m° = \underline{34°}$

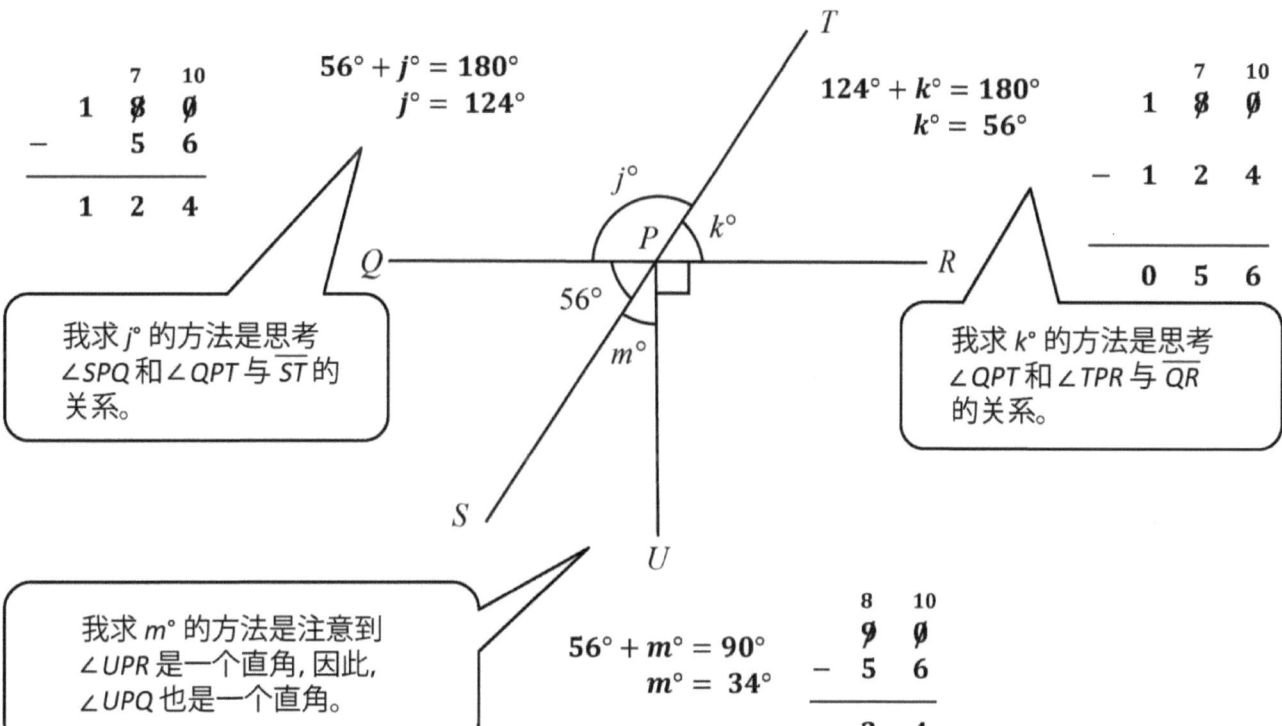

姓名 _____   日期 _____

编写一个方程式，并用数值方法求解未知的角的测量值。

1.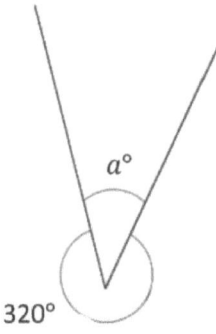

_____° + 320° = 360°

$a°$ = _____°

2.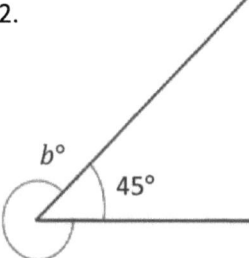

_____° + _____° = 360°

$b°$ = _____°

3.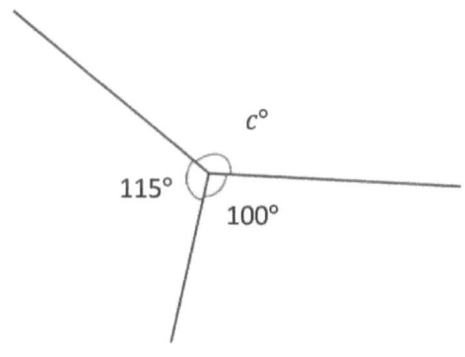

_____° + _____° + _____° = _____°

$c°$ = _____°

4.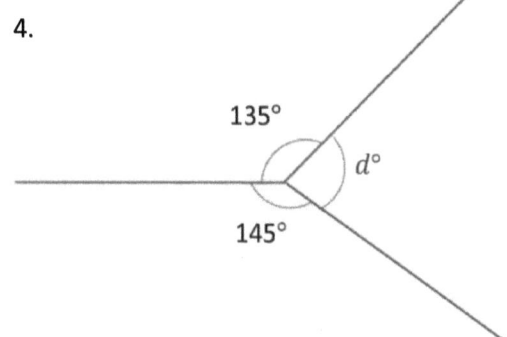

_____° + _____° + _____° = _____°

$d°$ = _____°

编写一个方程式,并用数值方法求解未知的角。

5. O是$\overline{AB}$和$\overline{CD}$的交叉点。
∠COB为145°,∠AOC为35°。

$e° = $ _____ $f° = $ _____

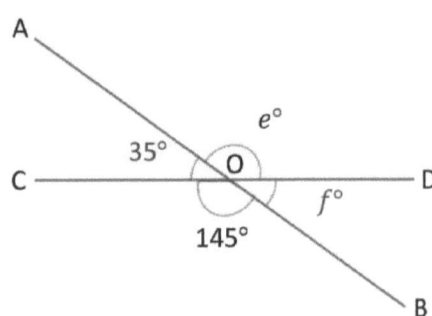

6. O是$\overline{QR}$和$\overline{ST}$的交叉点。
∠QOS是55°。

$g° = $ _____ $h° = $ _____ $i° = $ _____

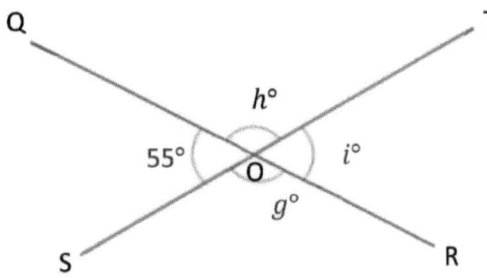

7. O是$\overline{UP}$、$\overline{WX}$和$\overline{YO}$的交叉点。
∠VOX是46°。

$j° = $ _____ $k° = $ _____ $m° = $ _____

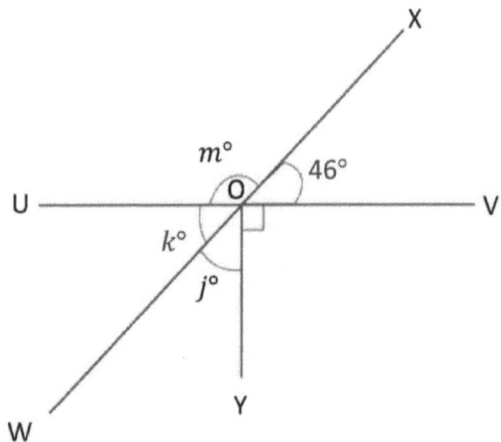

> 我可以知道(b)和(c)部分都各有一条对称线,因为每一个部分的图在线的两则都相同。

1. 圈出已绘制正确对称线的图形。

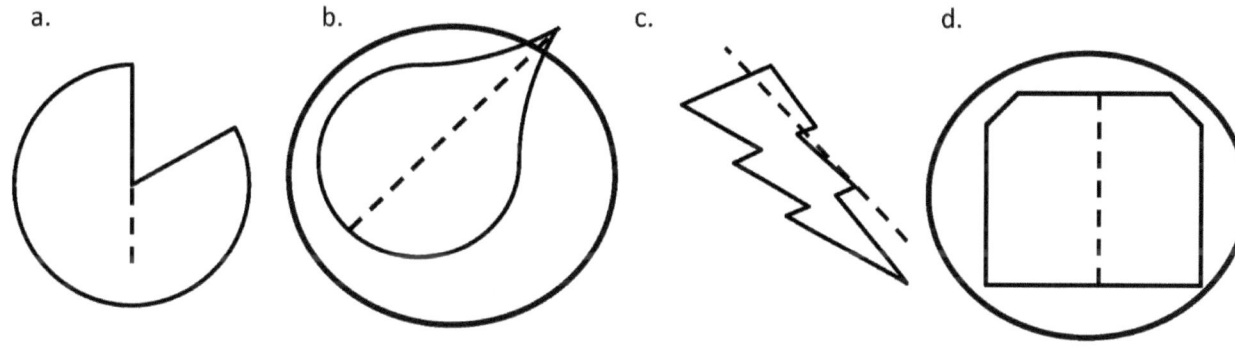

2. 找到并画出下列图形的所有对称线。在形状下方的空白处写出找到的对称线的数量。

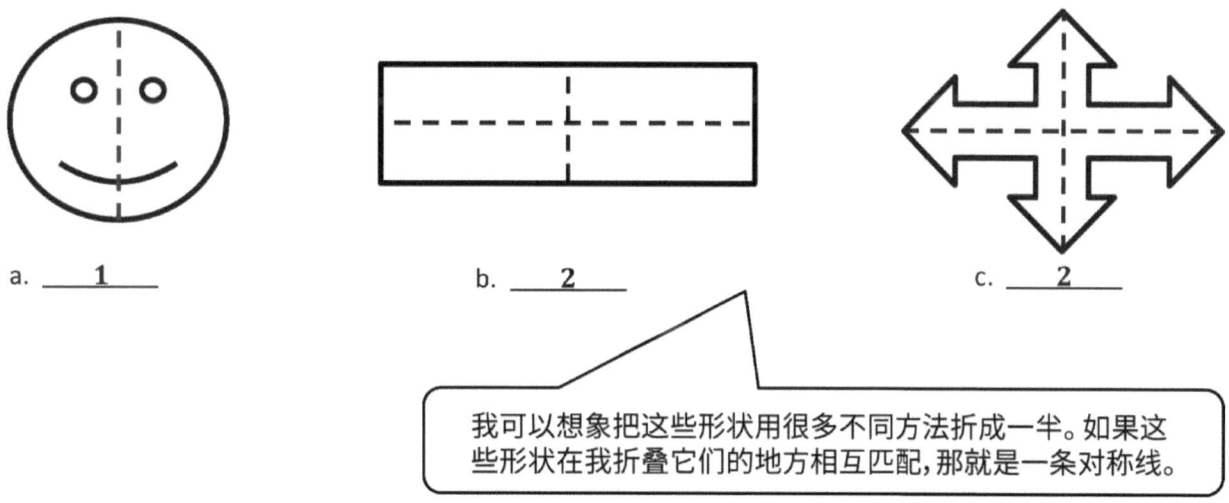

a. __1__   b. __2__   c. __2__

> 我可以想象把这些形状用很多不同方法折成一半。如果这些形状在我折叠它们的地方相互匹配,那就是一条对称线。

第十二课: 识别给定二维图形的对称线。识别线对称的图形,并绘制对称线。

3. 下面图形的一半已经画出。使用虚线表示的对称线来完成图形。

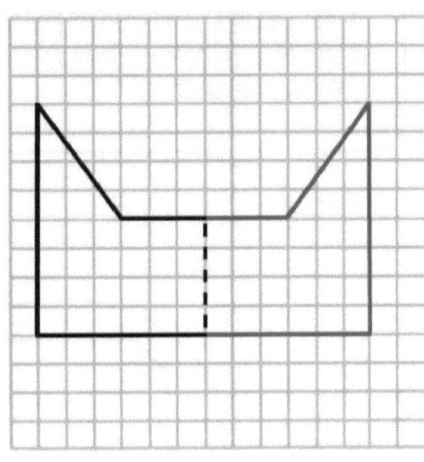

> 我使用网格来帮助我完成图像。我数一下每个线段上有多少个单位,然后我为图像的另一半画相同长度的线段。我首先画网格线之后的边,然后画对角线。

姓名 _____ 日期 _____

1. 圈出已绘制正确对称线的图形。

   a.    b. 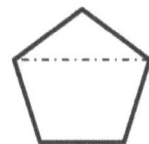   c.    d.

2. 找到并画出下列图形的所有对称线。在形状下方的空白处写出找到的对称线的数量。

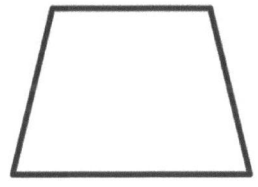

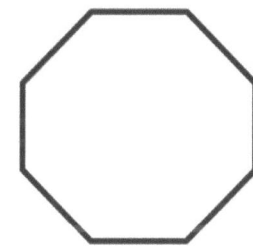

a. _____   b. _____   c. _____

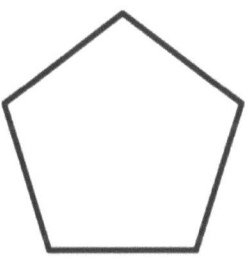
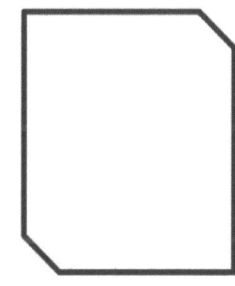

d. _____   e. _____   f. _____

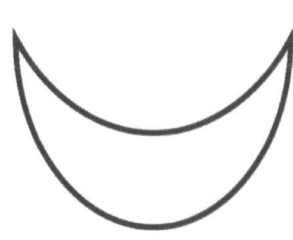
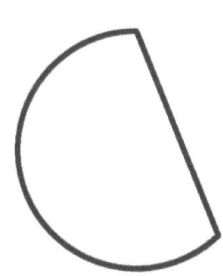

g. _____   h. _____   i. _____

3. 下面每个图的一半已画出。使用虚线表示的对称线来完成每个图形。

a.

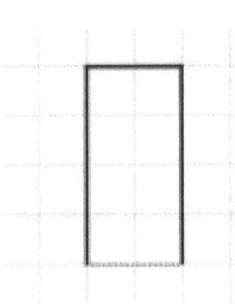

b.

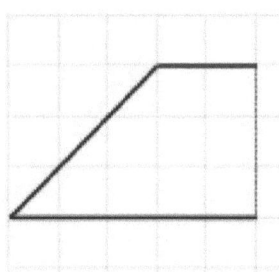

c.

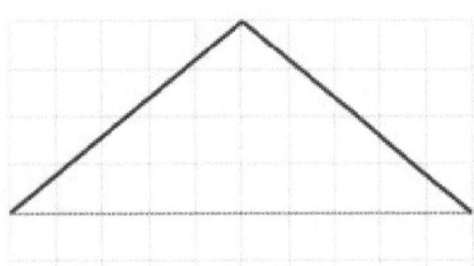

d.

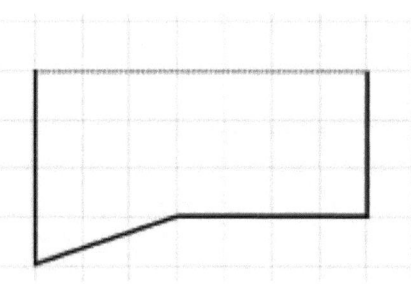

4. 是否有另一种形状具有与圆形相同数量的对称线？请说明。

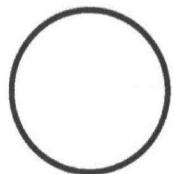

1. 根据每个三角形的边长和角度测量值对其进行分类。圈出正确的名称。

	使用边长分类	使用角的大小进行分类
a.	等边　　等腰　　**(不等边)**	锐角　**(直角)**　钝角
b.	等边　　**(等腰)**　　不等边	锐角　　直角　　**(钝角)**
c.	**(等边)**　　等腰　　不等边	**(锐角)**　　直角　　钝角

有时候画三角形会加上一些刻度符号，也就是与三角形各边成垂直的一些小破折号。这些刻度符号意味着那些边的长度相同。

要根据各边长度来分类，我使用一把尺子来测量三角形每一边，或看看有没有刻度符号。等边三角形的所有边的长度都相同。等腰三角形有两边的长度相同。不等边三角形的所有边的长度都不相同。

要根据角度来分类，我可以使用一个量角器或者一个直角模板。锐角三角形有三个小于 90° 的角。直角三角形有一个 90° 的角。钝角三角形有一个大于 90° 的角。

2. 使用尺子连接这些点以组成另外两个三角形。每个点只能使用一次。三角形不能重叠。有一个点不会用到。说出下面的三个三角形的名称,并将其分类。第一个已经为你完成。

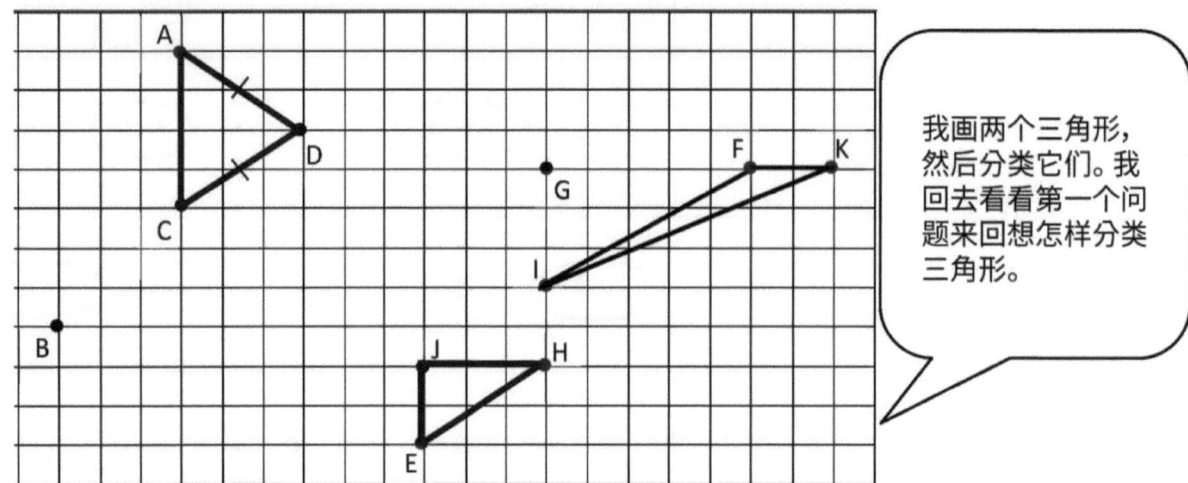

我画两个三角形,然后分类它们。我回去看看第一个问题来回想怎样分类三角形。

使用顶点命名三角形	按边长分类	按角的大小分类
△ FKI	不等边	钝角
△ ACD	等腰	锐角
△ EHJ	不等边	直角

3. 一个三角形能否有两个钝角?请说明。

   答案范例:

   不能,如果一个三角形有两个钝角,则这三条边永远无法相交。

   我画两个钝角三角形,并且看到三边不可以形成一个三角形,因为如果我让其中两条线段变长,它们会继续相互远离而不是接近。

姓名 _____   日期 _____

1. 根据每个三角形的边长和角度测量值对其进行分类。圈出正确的名称。

	使用边长分类	使用角的大小进行分类
a.	等边 等腰 不等边	锐角 直角 钝角
b.	等边 等腰 不等边	锐角 直角 钝角
c.	等边 等腰 不等边	锐角 直角 钝角
d.	等边 等腰 不等边	锐角 直角 钝角

2. a. △ABC有一条对称线,如图所示。∠A的度数是大于、小于还是等于∠C?

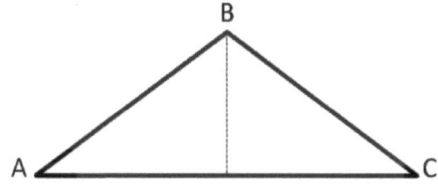

b. △DEF是一个不等边三角形。从它的三个角你观察到什么?请说明。

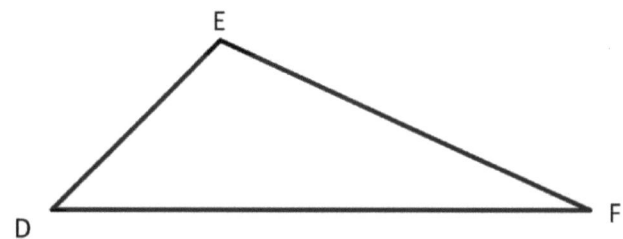

第十三课: 根据边长和/或角度测量值对三角形进行分析和分类。

3. 使用尺子连接这些点以组成另外两个三角形。每个点只能使用一次。三角形不能重叠。有两个点不会用到。说出下面的三个三角形的名称，并将其分类。

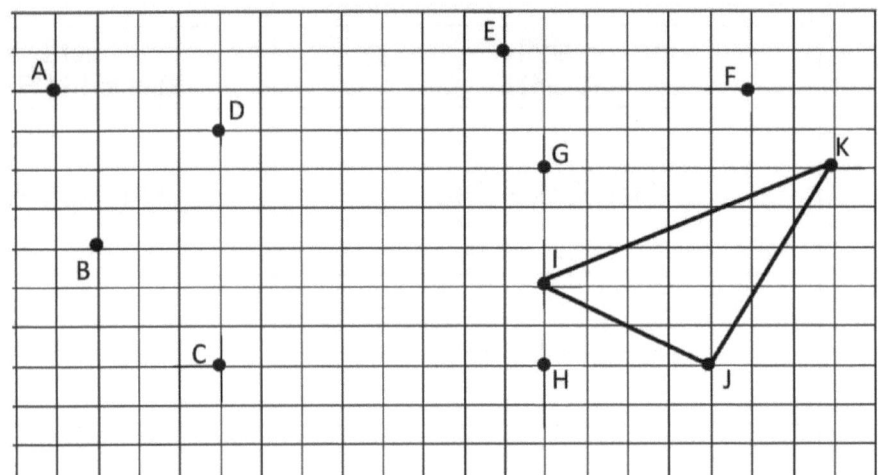

使用顶点命名三角形	按边长分类	按角的大小分类
△ IJK		

4. 如果等边三角形的周长为15厘米，则每条边的长度是多少？

5. 一个三角形可以有多个钝角吗？请说明。

6. 一个三角形可以有一个钝角和一个直角吗？请说明。

1. 绘制符合以下分类的三角形。使用尺子和量角器。标记边长和角。

   a. 锐角和等边

   我从第 9 课记得等边三角形的角度是 60°。

   [△XYZ：顶点 X 角 60°，XY = 2 英寸，XZ = 2 英寸，底边 YZ = 2 英寸，∠Y = 60°，∠Z = 60°]

   b. 直角和等腰

   要画这种三角形，我首先使用量角器来画直角。然后我用我的尺子来确保 EG 和 GF 的长度相同。

   [△EFG：∠E = 45°，EG = $1\frac{3}{4}$ 英寸，EF = $2\frac{1}{2}$ 英寸，∠G 为直角，∠F = 45°，GF = $1\frac{3}{4}$ 英寸]

2. 在上面的三角形中画出所有可能的对称线。

   △XYZ 有三条对称线，因为它是一个等边三角形。
   △EFG 有一条对称线，因为它是一个等腰三角形。

3. △EFG可以描述为直角三角形和斜角三角形。对或错?

   答案范例：

   错。△ EFG是等腰三角形和直角三角形。我得出这个结论是因为三角形的两个边长相等，并且有一个直角。

   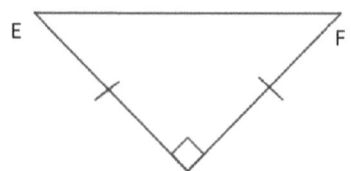

4. 如果△ABC是等边三角形，则必须BC为1厘米。对或错？

答案范例：

对。如果△ABC是等边三角形，这意味着所有边的长度必须相同。因此，如果两条边的边长均为1厘米，那第三条边的边长也必须为1厘米。

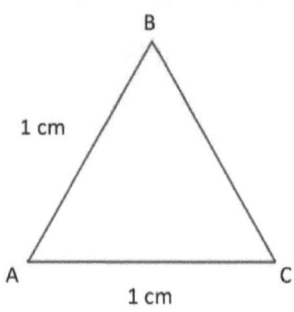

姓名 _____ 日期 _____

1. 绘制符合以下分类的三角形。使用尺子和量角器。标记边长和角。

   a. 直角和等腰

   b. 直角和不等边

   c. 钝角和等腰

   d. 锐角和不等边

2. 在上面的三角形中画出所有可能的对称线。说明为什么某些三角形没有对称线。

以下陈述是对还是错？请说明。

3. △ABC是等腰三角形。$\overline{AB}$ 必须是2厘米。对或错？

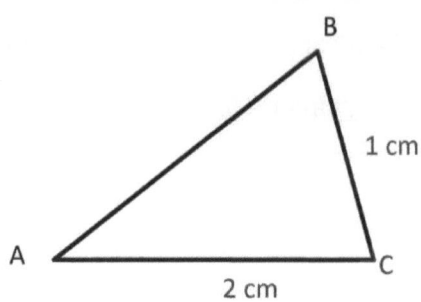

4. 一个三角形不能同时有一个锐角和一个直角。对或错？

5. △XYZ可描述为等边三角形和锐角三角形。对或错？

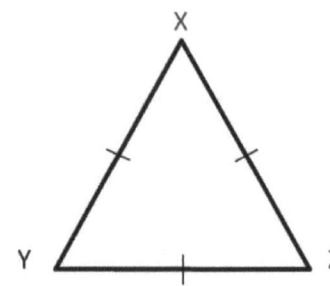

6. 直角三角形总是不等边三角形。对或错？

扩展：在△ABC里，x = y。对或错？

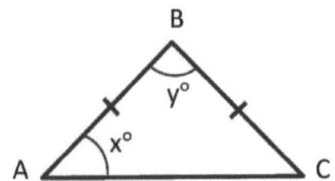

根据给定的属性构建以下图形。为你构建的每个图形命名。尽可能地具体。

> 我用我在第3课和第4课所学到的东西并使用直角模板或尺子来画平行线和垂直线。

1. 对边边长相等、有四个直角的四边形

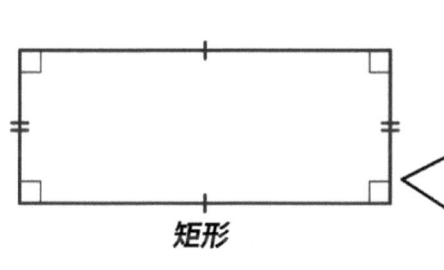

矩形

> 我用我的尺子来画底部线段。我用我的直角模板和尺子来画两边,以便画直角和让左右两边长度相等。我画顶部线段,让它与两边成垂直以及与底部线段平行。我画一些小方格来展示直角和用刻度符号来展示哪些边是相等的。

2. 有一组平行边的四边形

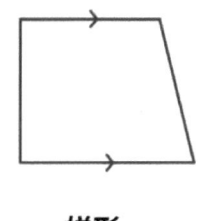

梯形

> 我画一个水平段。我画一个线段,与第一个线段平行。我连结这些线段的端点。我画箭头来标签各平行边。

3. 有两组平行边的四边形

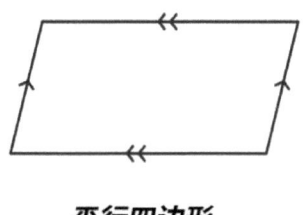

平行四边形

> 我首先画水平的平行边,就像我开始画梯形的时候一样。当我画好左边的线段后,我确保右边线段和它是平行的。我在对顶线段加一些箭头来显示它们相互平行。

第十五课: 根据平行线和垂直线以及是否存在特定大小的角,对四边形进行分类。

4. 所有边长相同、有四个直角的平行四边形

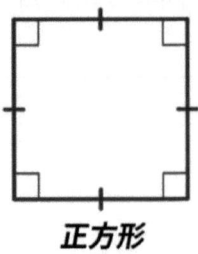

正方形

> 我首先画一个平行四边形，但我让左边线段与水平线段成垂直。我测量左边线段，然后确保顶部和底部线段的长度相同。我画一个右边线段，让它与顶部和底部线段成垂直。它将与所有其他边的长度相同。我添加刻度符号和直角正方形。

姓名 _____ 日期 _____

1. 使用单词库为每个形状命名，使其尽可能具体。

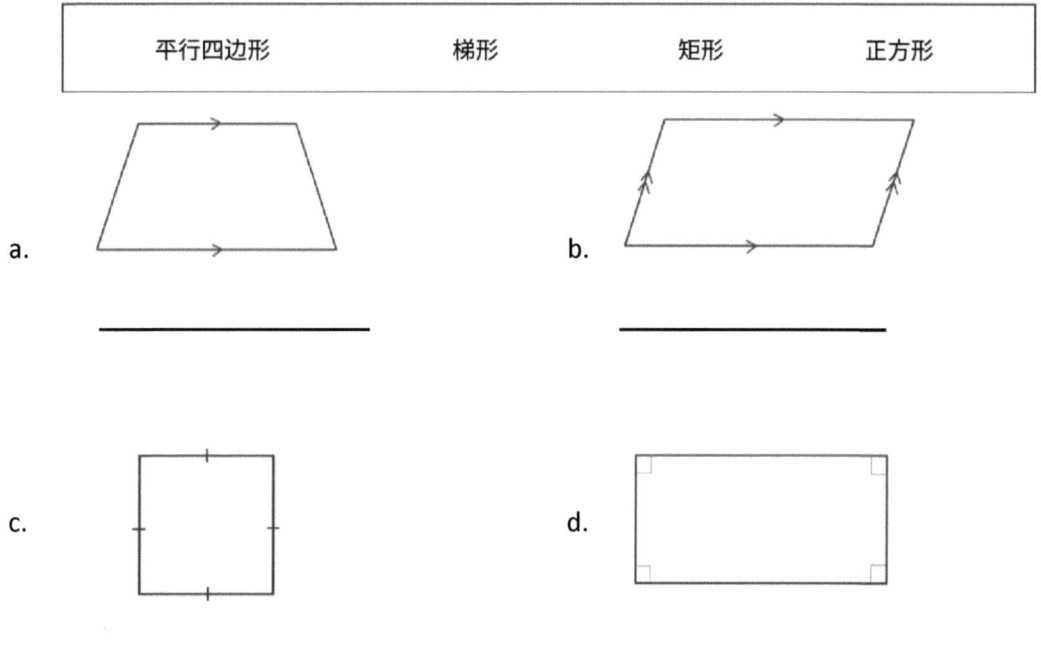

2. 说明使正方形成为特殊矩形的属性。

3. 说明使矩形成为特殊平行四边形的属性。

4. 说明使平行四边形成为特殊梯形的属性。

5. 根据给定的属性构建以下图形。为你构建的每个图形命名。尽可能地具体。

   a. 四边边长相同、有四个直角的四边形。

   b. 有两组平行边的四边形。

   c. 只有一组平行边的四边形。

   d. 有四个直角的平行四边形。

1. 构建一个所有边长相等的四边形。你构建了什么形状？

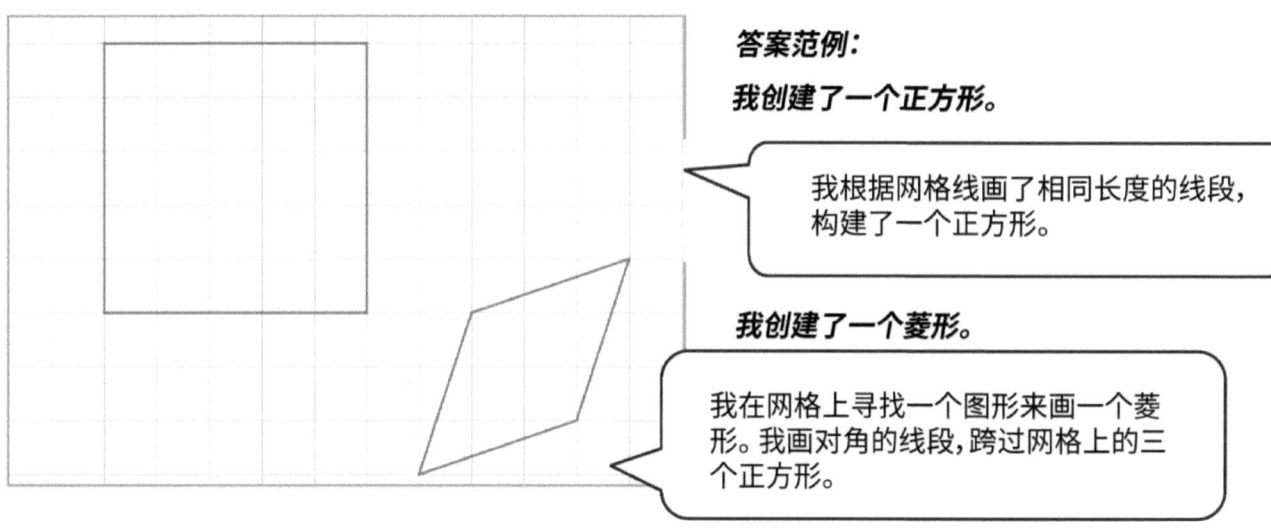

答案范例：

我创建了一个正方形。

我根据网格线画了相同长度的线段，构建了一个正方形。

我创建了一个菱形。

我在网格上寻找一个图形来画一个菱形。我画对角的线段，跨过网格上的三个正方形。

2. 构造一个有两组平行边的四边形。你构建了什么形状？

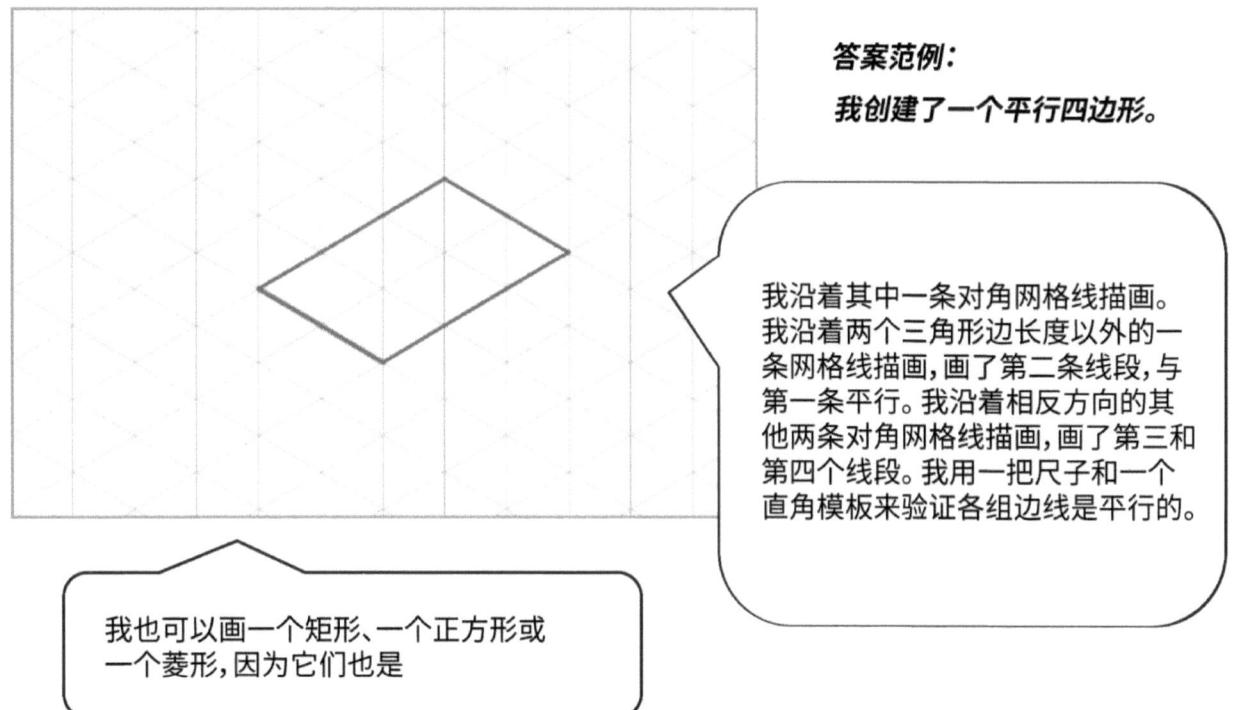

答案范例：

我创建了一个平行四边形。

我沿着其中一条对角网格线描画。我沿着两个三角形边长度以外的一条网格线描画，画了第二条线段，与第一条平行。我沿着相反方向的其他两条对角网格线描画，画了第三和第四个线段。我用一把尺子和一个直角模板来验证各组边线是平行的。

我也可以画一个矩形、一个正方形或一个菱形，因为它们也是

第十六课： 思考在正方形或三角形网格纸上构建四边形的属性。

姓名 _____ 日期 _____

使用网格构建以下形状。使用单词框中的一个术语来命名你绘制的图形。

单词框
平行四边形
梯形
矩形
正方形
菱形

1. 构建只有一组平行边的一个四边形。
   你构建了什么形状？

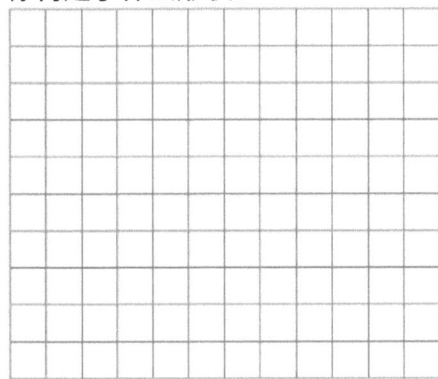

2. 构建有一组平行边和两个直角的一个四边形。
   你构建了什么形状？

3. 构造一个有两组平行边的四边形。
   你构建了什么形状？

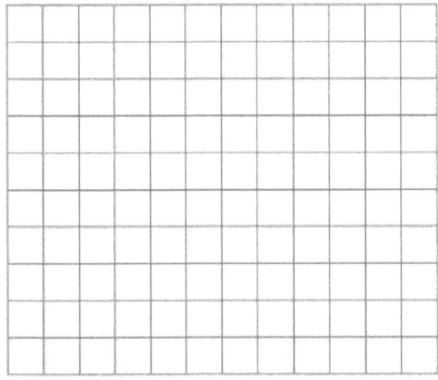

第十六课: 思考在正方形或三角形网格纸上构建四边形的属性。

4. 构建一个所有边长相等的四边形。
   你构建了什么形状?

5. 构建一个所有边长相等的矩形。
   你构建了什么形状?

鸣谢

Great Minds®竭尽全力获得转载所有版权教材的许可。如对任何版权材料的拥有人未在此致谢,请联系Great Minds,以在未来的版本以及本模块的转载中获得正确的致谢。

Printed by Libri Plureos GmbH in Hamburg,
Germany